BIZARRE

The most peculiar cases of human behavior and what they tell us about how the brain works

馬克・汀曼——著
Marc Dingman
駱香潔——譯

獻給米雪兒（Michelle）。

若是沒有你的愛與支持，

我不曉得我會變成怎樣的自己。

目次

我在這本書裡探討的奇特現象，大多是因為大腦受到負面影響，例如創傷、腫瘤、感染、中風、精神疾病等等。然而其他例子則並非疾病所引起，相反地它們是正常大腦的奇異表現，屬於人類行為光譜上最瘋狂的那一端。有幾種行為甚至很常見，每個人或多或少都會做——只不過我們通常沒有察覺到自己有那樣的行為，或就算知道也不甚了解原因。你的大腦每天都在你不知情或不同意的狀況下做著奇怪的事，有些事或許還會令你大吃一驚。本書裡討論的各種行為只有一個共同特色，那就是它們都奇怪得不得了，而且問題都出在大腦。在諸多誕生自大腦的怪事裡，它們是我心目中最不可思議的怪事集合，也是證明人腦是強大且怪誕無比的器官，極具說服力的證據。

一八七四年，法國神經學家朱爾斯・科塔爾碰到患者X小姐，她說自己沒有腦、神經和腸子，還宣稱自己不需要吃東西也能活著，而且感覺不到疼痛（這部分似乎可信，科塔爾的紀錄說他「把大頭針深深刺進」她的皮膚裡，她卻毫無反應）。

X小姐不是相信自己是死人，而是認為自己既非生，亦非死。由於擔心會永遠困在這種不明不白的狀態裡，所以她渴望真的死去。科塔爾查找過去有沒有類似案例，沒想到居然找到好幾個。有人說自己正在慢慢腐爛，有人說自己沒有血液或沒有身體，還有人被拋進永恆的虛無裡。科塔爾將這類疾病統稱為「否認妄想」，在他過世幾年後，另一位科學家改稱之為科塔爾症候群，後來這種疾病有時也叫做活死人症候群，但科學家大多避免使用活死人這個詞，因為自稱死亡只是科塔爾症候群的諸多表現之一。

大衛因為相信自己是隻貓，而住進精神病院。他的行為像貓，而且是隨時隨地——就像一隻真貓。他像貓一樣行走坐臥、打獵、玩耍，甚至（遺憾地）曾與好幾隻貓發生性行為。他的情況叫做狼化妄想症，患者認為自己已經變成（或可以變成）動物。

狼化妄想症患者的哪些大腦區域發生異常，目前還沒有專門的研究。考慮到這是一種妄想症，說不定是大腦的「合理性檢查機制」在某種程度上出了問題。否則，我們會認為相信自己變成了狼、豬和蛇等，是明顯不合理的想法，而摒棄這些念頭。

不過神經科學家認為會出現狼化妄想症，可能還有另一種大腦機制受到損壞。這種機制與建立身體的認知表徵（又叫心智表徵）有關——科學家通常稱之為身體基模。這是身體的虛擬形象，大腦會利用它來掌握身體的空間位置，隨時留意身體的姿勢——這些事一直在後台進行，只是你沒有發現。

有個七歲女孩因為持續腹痛和拉肚子就醫。磁振造影的結果顯示，她的胃裡有一個大腫塊，醫生研判那是胃部腫瘤，開刀時卻發現那是結構紮實的毛糞石。這顆毛球不但把胃塞滿，還延伸到小腸裡。馬鈴薯、燒過的火柴、頭髮，異食癖患者放進嘴裡的東西千奇百怪，這些只是冰山一角。為什麼？人到底為什麼早餐不吃培根和雞蛋，要吃樟腦丸？有些研究者認為，異食癖患者會出現這種非比尋常的衝動，是因為營養攝取不足，出於本能想解決這個問題，但搞錯了方向。異食癖與缺鐵性貧血經常伴隨發生，所以有一種假設是：缺乏營養會讓人非常想吃某樣東西，因為大腦以為它是能滿足這種膳食需求的食物。缺乏營養和異食癖之間的關聯，也曾用來解釋為什麼孕期的異食癖盛行率比較高；隨著孕婦的營養需求增加，飲食更有可能缺乏重要營養素。儘管如此，並沒有證據顯示異食癖和缺乏營養有明確的關聯——至少不是所有異食癖案例都是如此。

德瑞克跟朋友在泳池畔玩拋接橄欖球時出了意外，他躍起後落水時，頭部撞擊池底。此後德瑞克經常頭痛欲裂、有記憶問題，而且極度畏光，不過他也獲得一種新才能。某日德瑞克在朋友家聊天時，注意到客廳的角落有一台電子琴。他沒學過鋼琴，以前也對彈鋼琴毫無興趣，此時卻非常渴望彈上一曲。他打開電源、開始彈奏，沒想到流暢得宛如專業鋼琴家，還一口氣彈了六小時。

有些後天學者症候群是在中風、失智、腦部手術或其他腦部刺激後出現的。但科學家發現腦傷不是激發學者能力的先決條件。有許多腦部未曾受到刺激的案例憑空出現學者能力，不但自己驚訝不已，身邊的人也嘖嘖稱奇。無論是先天還是後天的學者症候群，都使我們對大腦和人類經驗的本質產生疑問：這種症狀這是否意味著，每個人都有這些潛在能力，只是需要適當的時機？人類的潛能，是否遠遠超乎我們目前的想像？

艾莉卡本是全球頂尖的複合弓選手，豈料一段戀情成了她射箭生涯的絆腳石。二〇〇四年她開始了一場單戀，儘管不斷討好撒嬌，但戀慕的對象始終沒有回應。事實上對方不可能表達情感，因為艾莉卡愛上的是——艾菲爾鐵塔。這不是一時激情。二〇〇七年，她在婚禮上向艾菲爾鐵塔獻上永恆的承諾，並且改姓為艾菲爾。

物性戀在醫學文獻裡幾乎不見蹤跡，只有極少的研究曾經提及。有人認為物性戀是一種性變態，但物性戀者認為這只是一種性取向，與異性戀、同性戀沒兩樣——這是他們無法控制的事。有些專業人士同意這種看法，將物性戀歸類為罕見的性取向。若以此為考量，把物性戀當成精神障礙來討論似乎不恰當。物性戀者的大腦為什麼如此特殊，科學家目前的了解極其有限，但他們已經找到一些或許有助於解釋的線索。其中一項是很多物性戀者宣稱自己碰到了「聯覺」現象。聯覺是指一種感覺不由自主誘發另一種感覺的感知經驗……

「多重人格」這個名稱一直沿用到一九九四年，之所以改名為ＤＩＤ（解離型認同疾患），部分是為了強調患者的努力方向是將分身人格統合成單一身分，而不是繼續生出各自獨立、從未屬於核心自我的新人格。

最早的ＤＩＤ案例經常被解讀為超自然事件。例如一五〇〇年代晚期，道明會修女珍恩·法利被認為遭惡魔附身。她的體內似乎住著許多人格，有些善良無害，有些卻很邪惡（甚至自稱是惡魔）。她的行為經常突然變得天差地遠，不同的人格狀態之間差異分明，有時候像個恬靜的四歲女孩，接著驟然切換成殺氣騰騰的邪惡分身，有時甚至自稱是抹大拉的馬利亞。

大腦整合大量資訊的能力卓越拔群，營造出一種連貫的感覺（包括「我是誰」以及「我周遭正發生什麼事」），以致有時我們很難發現自己的感受竟由這麼多元素構成——除非發生了解離。身心解離時，大腦無法順暢整合認知的各種元素，意識覺察可能因此受阻。

蓋布莉兒說，她出生的那天是十三號星期五。為她母親接生的助產士，當天另外接生了兩個孩子，後來她告訴蓋布莉兒的母親，這三個寶寶都受到了詛咒。助產士說，第一個孩子將活不到十六歲，第二個注定會在二十一歲死去。至於蓋布莉兒，則在二十三歲就會香消玉殞。不巧的是，三個孩子裡年紀最大的那個，在十六歲生日的前一天死於車禍。第二個孩子知道詛咒的事，所以也很擔心。她順利度過二十一歲生日，決定出門慶祝，結果走進酒吧時被流彈擊中身亡。現在蓋布莉兒的二十三歲生日就快到了，她非常害怕，開始出現換氣過度，而且隨著生日一天天接近，症狀變得更頻繁、更嚴重。生日的前一天，她開始喘鳴與盜汗，不久便去世了。

以科學解釋心因性死亡的嘗試，最早可以追溯到一九四〇年代，主要的研究者是美國極具影響力的生理學家華特・坎農。就是他發明了「戰或逃」這個詞，用來描述神經系統回應危險事件的方式；戰或逃反應背後的生物學機制，有一部分是他率先研究出來的。

某個早晨，阿納夫坐下來打開報紙後，驚愕地看著上頭的文字，他先是困惑不已，然後非常慌張。阿納夫識字至今五十年，但眼前報紙上的文字他一個也不認得。眼科醫生說阿納夫的視覺很正常，於是把他轉去神經科。神經科醫生為了測試阿納夫的問題有多嚴重，給他一支鉛筆，請他寫下他為什麼會碰到這種情況。起初阿納夫覺得很好笑——他不識字，怎麼可能會寫字？可是當他拿起鉛筆，卻發現寫字出奇容易。他快速寫下：「我會寫字，但是我不識字。」醫生請他念出剛才寫的話，他做不到。

大腦功能異常所造成的語言障礙種類繁多，例如突然變成文盲的後天閱讀障礙。有些患者說話流暢，對別人說的話理解無礙，閱讀和書寫也沒有問題，但說不出事物的名稱。或是雖然知道自己想說什麼，卻無法讓產生語言的肌肉正常發揮作用，有口難言。語言的豐富與生動，是人類相當了不起的成就，但語言極其依賴大腦也成了它的一大弱點。

二〇〇一年，西非國家貝南某地的民眾，在聽見附近有男子大喊自己的陰莖被偷後，群起圍攻被指控的小偷。他們把汽油淋在嫌犯身上，點火，然後看著他們活活燒死——儘管沒有明顯證據顯示他們偷了任何東西，遑論別人的生殖器。

害怕陰莖被偷、縮小或消失的地方不光是西非。事實上，這種類型的信仰已被正式認定為一種叫做縮陽症的精神障礙，患者堅決相信自己的陰莖（或乳房、外陰部）正在縮小、退縮回體內或徹底消失，恐怕會死掉。縮陽症是一種文化依存症候群，深受文化信仰影響，在信仰系統不一樣的文化裡不會發生，或至少詮釋的方式截然不同。因此從定義上來說，文化依存症候群發生的前提是社會資訊的散播。隨之而生的精神障礙，看在不同文化的人眼裡荒謬無比。有個比較有名的例子是「邪惡之眼」，在俚語中意思是仇恨或惡毒的眼神，不過在某些文化裡，邪惡之眼意指帶有詛咒意味的一瞥，會帶來厄運。

約翰做了口語智商和其他認知功能測驗，分數都很正常，雖然他有時說不出想用的詞彙，但說話很流利。不過醫生測試他辨認圖片的能力時，發現一個奇怪的缺陷。給約翰看無生命的物體圖片時，他說得出名稱或用途，然而他幾乎辨認不出任何生物。專門測試他辨認生物與物體的能力時，他答對九十%的物體，生物只答對六%。

約翰的缺陷不僅僅是語言上的——他顯然很難用分類去理解生物。這使他沒有將生物正確歸類為生物的整體能力，由於這是辨認事物的基礎能力，所以他原本應該非常熟悉的東西，現在卻相見不相識。這種障礙很奇特，因為它呈現專一性；大腦受過傷之後，怎麼會幾乎每一種認知能力都沒有受損，唯獨失去辨認某一個類別的能力？令人驚訝的是，這種專一性其實沒那麼獨特。有幾種叫做失認症的精神障礙裡，也看得到這種專一性。不同類型的失認症呈現的整體表現天差地遠，但通常都會有無法辨認、或無法感知特定類別或種類的情況。

11 身不由己……254

DISCONNECTION

▼異手症　▼認得工具，卻想不起怎麼用　▼失用症
▼大腦的溝通網絡　▼格斯特曼症候群

里歐的右手有問題的第一個徵兆，是在護士想給他打針時出現的。當時護士在為他靜脈注射溶解血栓的藥，好恢復大腦供血，就在她把針頭插好、調整點滴管時，里歐突然伸出右手把她推開，然後抓住點滴管用力拉扯。

里歐很不好意思，連聲道歉，但他解釋不了自己怎麼會這樣。隨著治療持續進行，他的右手愈來愈任性，會突然抓住醫生的聽診器，還會阻撓護士協助。有時候它會變得很暴力，例如想要搧醫護人員耳光，甚至曾經勒住里歐自己的喉嚨想掐死他，里歐還得別人幫忙才能鬆開自己的右手。

異手症非常罕見，患者的共同特徵是四肢裡的一肢（通常是手）展現出一定程度的自主性。有些情況是異手單純模仿另一隻手的動作；有些是異手特別調皮，會毫無緣由的干

預患者的行動。異手症的神經學作用一直很難解釋，但許多患者的大腦中，都有一束神經纖維曾受過傷，那就是胼胝體。

12 假作真時真亦假……275

REALITY

▼愛麗絲夢遊仙境症候群 ▼體內和體外資訊整合失敗
▼盲人的幻視——查爾斯·邦納症候群 ▼幻覺源自大腦的平衡機制？
▼如何引發幻覺 ▼見鬼 ▼過世的親人回來了——喪親幻覺

奧莉維亞正要打開茶包時，雙手出現一種奇怪的感覺，彷彿在短短幾秒內，就快速膨脹成正常尺寸的五倍。然而儘管她的手感覺起來大得誇張，但目測依然是正常大小。她相信這是某種感知扭曲，於是試著冷靜下來，幾分鐘後這種奇怪的感覺便消失了。但它隔天又發作了一次。這次奧莉維亞覺得身體的比例扭曲變異，感覺像膨脹中的氣球。她出於本能縮著肩膀、低著頭，生怕撞到天花板，然後用蹲伏的姿勢走進浴室照鏡子，想確認這種異狀只發生在自己的腦袋裡。

這種症狀叫愛麗絲夢遊仙境症候群，它經常涉及處理視覺或體覺資訊的大腦區域，患者大部分的症狀都不是幻覺，而是感覺扭曲。幻覺和感覺扭曲的差別在於，幻覺是無中生有，完全是大腦憑空創造出來的。感覺扭曲則是我們對環境裡某樣東西的感知產生變化，致使它與現實不再相符。

本書討論的許多行為看似很古怪，但其實患者的大腦和你我的大腦差別不大，他們的某些傾向是人類的共同特徵。有些行為只有在大腦出問題時才會出現，但它們都與正常人類經驗過度強化或弱化有關，而神經系統劇變的情況，我們每個人都可能碰到。因此雖然這本書叫 Bizarre，但我希望你們別覺得這些行為是奇怪的特例，而要把它們想成是人類行為範圍內的實例。最後，如果你的大腦運作如常，請好好珍惜現在，因為它不會永遠正常運作。同樣重要的是，遇到那些大腦運作方式與你不同的人，請發揮同理心對待他們。

前言
Introduction

酷暑八月，萬里無雲，上午十一點四十分左右，二十五歲的查爾斯．惠特曼（Charles Whiteman）乘電梯來到德州大學奧斯汀分校的主樓樓頂。那是一九六六年，當時這幢主樓是奧斯汀市第二高樓，德州大學學生與當地人都叫它「塔樓」（the Tower）。塔樓位在校園正中央，高度為約九三．五公尺。

惠特曼是鷹級童軍、前海軍陸戰隊隊員，也是德州大學的學生。身高約一百八十公分，體型健碩，是個人見人愛的金髮男子。他拉著一台推車，推車上放著一個軍用置物箱。向警衛出示學生證之後，他順利進入塔樓。警衛不知道的是，置物箱裡有大批武器。

惠特曼先搭電梯到二十七樓，再爬三段陡峭的階梯抵達二十八樓，觀景台在戶外，圍繞二十八樓一圈。他走到觀景台的迎賓區，接待人員向他打招呼，她叫艾德娜．陶恩斯利（Edna Townsley），時年五十一歲。他二話不說重擊艾德娜的後腦勺（可能是用步槍的槍托），她傷重不治。幾分鐘後，一群遊客來到觀景台，想從塔樓頂端俯瞰城市的景色。惠特曼持一把削短型散彈槍朝他們開槍，造成兩人死亡，兩人重傷。

接著，惠特曼走到戶外觀景台，打開置物箱，在地上把武器一字排開。他有多把手槍與步槍，大約七百發彈藥。惠特曼拿起一把可精準長程射擊的步槍。十一點四十八分，他開始朝腳下近百公尺、在校園裡行走的人開槍。

查爾斯・惠特曼，取自德州大學1963年學生年鑑。

第一槍射穿孕婦克萊兒・威爾森（Claire Wilson）的肚子，她腹中尚未出世的兒子立即死亡。克萊兒一倒地男友馬上衝過來，他背後中彈，當場死亡。緊接著惠特曼又射殺了三人，分別是一位物理學教授、一名和平工作團實習生、一名大學部學生。

此時距離惠特曼展開恐怖攻擊只過了十分鐘。警察衝進塔樓將他擊斃時，他已持續隨機攻擊塔樓底下的路人超過一個半小時。共計有十四人成了惠特曼的槍下亡魂（包括克萊兒未出世的孩子），傷者超過三十人。另有一名學生的腎臟被惠特曼擊中，嚴重損傷，雖然他直到二〇〇一年才離世，但死因被判定為他殺。

發生如此慘痛的悲劇，每個人心中浮現的第一個問題當然是：為什麼？是什麼讓一個建築工程系的學生、大家口中的「好人」犯下如此令人髮指的罪行？

警方展開調查後，揭露更多驚悚細節。原來槍擊案發生當天的清晨，惠特曼已先用一把大獵刀殺害母親與妻子。

警方搜索惠特曼家時，找到案發前一天晚上他用打字機留下的信。從這封信的內容看來，惠特曼似乎很想知道自己為什麼有殺人衝動。他寫道：

> 最近連我自己都不認識自己。我應該是個普通、理智、聰明的年輕人。但最近（我不記得什麼時候開始）有一大堆古怪荒謬的想法闖進我腦袋裡。這些想法反覆出現，我必須非常努力，才有辦法專心處理有意義的、需要一步一步完成的任務……我希望死後遺體能接受驗屍，看看我身上是否有明顯的生理異常。我有過幾次劇烈頭痛，過去三個月喝了兩大瓶埃克塞德林止痛劑（Exedrin）。〔1〕

1 G.M. Lavergne, *A Sniper in the Tower: The Charles Whitman Murders* (Denton, Texas: University of Texas Press, 1997), 82.

惠特曼接受驗屍的願望在他死後隔天實現。對社會學家與犯罪學家來說，惠特曼是有趣的研究案例。豈料驗屍結果一下子把他推到大腦和行為爭議的最前線。這是因為醫生檢查惠特曼的大腦時，看到一大顆腫瘤擠壓著他的杏仁核，這是對情感調節發揮重要作用的大腦結構。（後面會有更多關於杏仁核的討論。）

有些人認為，這顆腦瘤就是惠特曼殺戮行為的罪魁禍首。確實，惠特曼的腫瘤似乎有可能影響杏仁核，進而導致意想不到的性格變化，引發了他的卑劣行徑。〔2〕

不過，也有人並未立刻就將他的罪行歸咎於腦瘤。雖然大家都說惠特曼是親切的好人，其實他的壞脾氣偶爾會嚇到妻子，而且他承認自己曾經家暴妻子兩次。槍擊案發生前，他經常吸食安非他命。大量嗑藥後連續幾天不睡覺，對他來說是家常便飯，而這會增加暴力行為的突發機率——甚至會讓人與現實脫節。

無論如何，從神經科學的角度來說，惠特曼的案例很有意思。因為神經科學家知道我們不能排除一個可能性：他的殺戮行為是受到腦瘤影響所致。事實上，古往今來因為腫瘤、中風、腦傷等原因造成性格劇變，甚至連身邊的人都覺得他們判若兩人，這類案例多到數不清。

其中最有名的案例大概是費尼斯・蓋吉（Phineas Gage）。他是鐵路公司的一名工頭，一八四八年因不小心引發一場小規模爆炸，導致一根長約一〇九公分、重量約六公斤的金屬棍刺向他的頭部。金屬棍較尖細的一端從蓋吉的左臉顴骨下方插進他的臉，穿過顱骨，洞穿他的大腦，然後戳破頭蓋骨飛出去，在大約相距二十三公尺的地方落下。神奇的是，蓋吉沒有死。儘管預後不佳，但除了左眼失明之外，蓋吉的各項身體功能在意外發生幾週後，就幾乎完全恢復。

接下來發生的事眾說紛紜、沒有定論，因為關於蓋吉發生意外之後的人生，有實證的細節非常少（他後來的傳記大多是源自傳聞）。蓋吉的親友聲稱，意外發生前的那個蓋吉已永遠消失。蓋吉原本是個負責任又善良的人，受傷之後，他變成衝動任性、道德低落、對神明不敬。性格變化害他丟了鐵路公司的工作，往後十二年只能靠打零工為生——包括在馬戲團主巴納姆（P. T. Barnum）位於紐約的美國博物館（Barnum's American Museum）展示自己與戳穿他的那根棍子。一八六〇年他死於癲癇發作，可能與他之前受過的腦傷有關。

2 請注意，不是所有的大規模槍擊事件都能歸因於神經系統問題或精神疾病。事實上，人類對濫殺行為了解甚少，造成這種行為的影響因素很複雜，而且因人而異。雖然大腦功能障礙經常被拿來當成大規模槍擊事件的原因，但這種說法往往缺乏證據。

費尼斯・蓋吉的故事堪稱神經科學界的神話，年復一年，人們在傳誦他的故事，同時也會依照自己的意圖，對其性格變化的細節加油添醋。儘管如此，蓋吉仍是經常被提及的案例，以說明大腦的完整性如何從根本上決定我們是誰，以及大腦功能障礙如何徹底改變性格的核心要素。

蓋吉與惠特曼的故事都很有意思，但有許多關於行為和大腦的細節未獲證實，因此也充滿爭議。我們將在這本書裡檢視幾個沒那麼有名（但紀錄比較詳實）的案例，這些人因為大腦受到某種損害，導致他們對世界原有的感受產生明確的改變。但我們的探索目標不只是性格上的變化。我們要聚焦於大腦功能異常時可能發生什麼奇特結果——是的，就是最稀奇古怪的那些。你會看到一些精神狀態很詭異的患者，例如以為自己的身體變成其他物種的人、相信自己已經死掉的人，還有人會有生動的幻覺，逼真到連致幻效果最強的毒品都望塵莫及。有些患者失去非常重要的能力，例如面對自己認識一輩子的人卻認不出他們的臉，或區分不了鏡中的世界與真實世界，甚至無法在

費尼斯・蓋吉手持1848年在爆炸中戳穿他的頭顱與大腦的那根金屬棍。

腦中建構任何畫面。

我在這本書裡探討的奇特現象，大多是因為大腦受到負面影響，例如創傷、腫瘤、感染、中風、精神疾病等等。然而其他例子則並非疾病所引起，相反地它們是正常大腦的奇異表現，屬於人類行為光譜上最瘋狂的那一端。有幾種行為甚至很常見，每個人或多或少都會做——只不過我們通常沒有察覺到自己有那樣的行為，或就算知道也不甚了解原因。你的大腦每天都在你不知情或不同意的狀況下做著奇怪的事，有些事或許還會令你大吃一驚。

這本書裡討論的各種行為只有一個共同特色，那就是它們都奇怪得不得了，而且問題都出在大腦。在諸多誕生自大腦的怪事裡，它們是我心目中最不可思議的怪事集合，也是證明人腦是強大且怪誕無比的器官，極具說服力的證據。

如果你現在還不這麼想，看完這本書很可能會改變心意。我將以主題區分，在每一章介紹幾個與大腦有關的離奇現象。以展現離奇行為的患者做為例子——通常（但並非全部）是罹患某種疾病的患者。有些小細節是我虛構的。例如我會為匿名的病人取名字，這樣討論起來比較方便。（我會根據案例紀錄上的地區為病人取適合的名字，以忠實反映病人的文化背景。）我也在幾個地方添加細節，甚至加入一點對話，使病人的感受顯得更加立體。但我絕對沒有誇大細節，導致內容與案例的實情有出入。也就是說，雖然有些案例看起來不合情理，但它們都是真實人物的真實行為。

上一句話的真實人物值得強調。我寫這本書的初衷，是因為從神經科學的角度——甚至單純從人的角度來說，這本書裡描述的行為簡直不可思議。但我們很容易被稀奇古怪的細節吸引，忘了書裡提及的某些疾病會造成巨大痛苦。因此，雖然我避免用嚴肅口吻描述這些案例，好讓這本書讀起來輕鬆一點，但我必須強調，我對承受這些痛苦的病人心懷敬意。我並未將他們的辛苦等閒視之。他們絕對不是茶餘飯後的趣談，事實上，書中的許多病人都展現了過人的毅力。

我介紹每一種行為時，會解釋大腦裡可能發生了什麼事，才進而造成這樣的行為。但我必須提醒讀者，這本書裡討論的大部分現象都極其罕見，而且／或是我們對它們認識有限。因此我嘗試用來解釋這些現象的假設，僅僅只是假設。這些假設也不是我想出來的，而是參考了德高望重的研究者的論文。話雖如此，這本書將要探索的每一種離經叛道的行為，幾乎都缺乏研究，在有更深入的了解之前，我們無法明確指出是哪些大腦活動導致這些行為。

我希望這本書能提供有趣的知識，稍微增加你對大腦的認識。畢竟我之所以走進神經科學領域，正是因為受到最奇特的案例吸引。我覺得它們非常奇妙，也對頭顱裡的這個神祕器官究竟能製造多少古怪的現象，產生強烈的好奇心。所以，如果你看完這本書之後對神經科學產生興趣，對身為作者的我來說就是一種成功。說不定你也會因此更加了解自己的大腦是怎麼運作的——然後更加珍惜你感受到的安穩現實。

透過書裡的許多案例，我們會發現，熟悉的現實如薄霧般容易消散。一次意外就能徹底改變我們人類的本質以及對世界的感受，我們對這個事實看似不知不覺，實則刻意無視。書中提到的神經系統變化，有許多是沒人會料到居然發生在自己身上的類型，可是這些變化確實每天都在發生。如同我在這本書裡討論的案例，你的精神狀態有可能短短幾分鐘就發生翻天覆地的變化，毫無預警，而你或許永遠無法找回原來的自己。

CHAPTER

1

自知之明

IDENTIFICATION

十八世紀末，七十歲的丹麥婦人海爾妲（Hilde）正在家中煮飯時，大腦突然缺血，情況不妙。海爾妲運氣很差，因為人類的腦細胞對缺血的耐受度近乎於零。少了血液，神經元（大腦裡的主要細胞）很快就會缺少氧與葡萄糖等必需物質；神經元會在短短幾分鐘內開始死去。若持續缺血，神經元會以驚人的速度消亡——每分鐘死掉將近兩百萬個。這一分鐘內消亡的神經纖維長度可達約十二公里（神經纖維是神經元向外延伸的軸突，負責在細胞之間傳遞訊號）。〔1〕簡言之，缺血會摧毀大腦。這種可怕的情況叫做中風，海爾妲中風了，她因此陷入昏迷。

海爾妲的案例細節來自一篇發表於一七八八年的科學論文。這篇論文沒有提到海爾妲的家人對她昏迷四天後醒來做何反應，但可以想見他們應該如釋重負。不過聽到海爾妲堅稱自己是死人，剛剛放下心中大石的他們大概再次遭受暴擊。請注意，海爾妲說的不是她有瀕死經驗——看見隧道盡頭的那道光，最後一刻又被拉回人間——不是，她在與家人交談的時候說自己不是活人。

我們是透過十八世紀瑞士科學家查爾斯．邦納（Charles Bonnet）的文章認識海爾妲的。〔2〕邦納是專業律師，但如同那個年代大部分的天才人物，他涉獵多個不同領域，決定投入科學研究就像我們現在決定追新劇一樣輕鬆隨意。令人驚訝的是，儘管態度輕鬆隨意，他的研究可是成果豐碩。

例如，邦納記錄了蚜蟲的無性繁殖過程，率先證實性別不是繁殖的先決條件（園丁都很熟悉也很討厭這種惱人的小蟲子）。他的其他昆蟲學研究，也為發現昆蟲如何呼吸提供重要助力。後來他的興趣轉向植物學，他的研究為後來發現二氧化碳與氧經由葉子進出植物奠定了基礎。以一個沒受過正式科學訓練、研究科學僅是嗜好的人來說，他還算厲害。

我們運氣不錯，因為邦納也對異常的人類行為有興趣，例如海爾妲。老實說，海爾妲不是她的真名。也有可能是。邦納在描述她的情況時從未提到她的名字。如同科學文獻裡的許多醫學案例，邦納沒有寫下海爾妲的真名大概是為了保護她的隱私。我在此用這個常見的丹麥名字，方便我們討論她。

海爾妲中風之前，心理健康不曾出過大問題，所以她的奇特行為更加令人費解。家人想說服她相信自己並不是死人，畢竟她正好好坐在那兒跟大家講話。她康復了，這應

1 J.L. Saver, "Time is brain—quantified," *Stroke* 37, no. 1 (January 2006): 263–66.

2 H. Förstl and B. Beats, "Charles Bonnet's description of Cotard's delusion and reduplicative paramnesia in an elderly patient (1788)," *British Journal of Psychiatry* 160, no. 3 (March 1992): 416–18.

該是對生命心懷感恩的時刻。但海爾妲一點也不開心。她變得暴躁易怒，責怪家人沒有為她舉辦告別式，實在太不像話。她要求家人幫她換裝，把她放進棺材裡，舉辦一場配合她身分地位的葬禮。

大家都希望海爾妲的幻覺會漸漸消失，但她的堅持有增無減，還開始口出威脅。似乎只有順從她的意願才能真正安撫她。

她的家人半推半就地同意了。他們用裹屍布包裹她（十八世紀的丹麥顯然流行使用裹屍布），假裝正在為她安排葬禮。海爾妲對裹屍布的包法百般挑剔，用老師的嚴格口吻抱怨裹屍布不夠潔白，最後她終於安穩躺下、漸漸入睡。

家人為她脫掉裹屍布，把她挪到床上，希望這場鬧劇可以到此為止。沒想到海爾妲醒來之後依然故我，立刻堅持自己必須下葬。家人不願意真的把海爾妲埋進土裡（即使只是為了安撫這位吵鬧不休的病人，他們也不肯假裝將她下葬），所以他們只剩一條路可走：等待這奇怪的幻覺自動消失。

後來幻覺真的消失了——可惜只是暫時的。每隔幾個月，幻覺就會從頭再來一遍，海爾妲深信她已經死了，不明白為什麼只有她看清這個事實。

▼要死不活的「活死人」

在邦納記錄這個事件之前，科學文獻裡沒有出現過海爾妲這樣的案例。但在那之後，科學文獻收錄了許多類似案例。由於類似案例夠多，我們可以相信海爾妲不是神經學上的偶發特例，這是一種症狀明確的神經疾病，而且症狀或可預測。這種疾病非常罕見，很難預估可靠的發生頻率[3]，但沒有罕見到無人知曉，它的名字是：**科塔爾症候群**（Cotard's syndrome）。

病名源自法國神經學家朱爾斯．科塔爾（Jules Cotard），他生活於十九世紀下半葉。一八七四年，科塔爾在巴黎近郊的一個小鎮工作，碰到一名患者說自己沒有腦、神經和腸子。她宣稱自己不需要吃東西也能活著，而且感覺不到疼痛。關於疼痛的部分似乎可信：科塔爾的文字紀錄說他「把大頭針深深刺進」她的皮膚裡，她卻毫無反應[4]（和現在相比，十九世紀的醫生不用太擔心醫療糾紛）。

科塔爾稱這位病患為X小姐，她的情況不是相信自己是死人，而是認為自己處於某

3 S. Dieguez, "Cotard Syndrome," *Frontiers of Neurology and Neuroscience* 42 (2018): 23–34.
4 Ibid.

種中間狀態——既非生，亦非死。她擔心自己會永遠困在這種不明不白的狀態裡，所以渴望真的死去。她認為只有活活燒死——雖然缺少有力的證據——才能讓她得到真正的死亡。她試著自己動手證明這個想法，所幸沒有成功。

科塔爾對X小姐的情況很感興趣，他查找過去有沒有類似案例，沒想到居然找到好幾個。有人說自己正在慢慢腐爛，有人說自己沒有血液或是沒有身體，還有人被拋進永恆的虛無裡，或是處於某種存在的分歧狀態。科塔爾認為，他們的症狀屬於同一類疾病。他稱之為否認妄想（délire de negations）。妄想指的當然是患者對明顯虛假的事情深信不疑，科塔爾用否認一詞來形容這些病患最顯著的特徵：他們否認自己擁有（對多數人來說）生存不可或缺的東西。

科塔爾過世幾年後，另一位科學家在寫到否認妄想時，稱這種疾病為科塔爾症候群。從那之後，這種疾病曾被稱為科塔爾症候群、科塔爾妄想症，有時也叫做活死人症候群。科學家大多避免使用「活死人」這個詞，因為自稱死亡只是科塔爾症候群的諸多表現方式之一（而且這種不科學的誇飾用語，大部分科學家一聽就尷尬），前面介紹過的幾種存在狀態反而比較常見。

科塔爾症候群還有許多其他症狀，例如冷漠、感覺變敏感或變遲鈍、感覺不到飢餓或口渴（並因此絕食或脫水）、出現幻覺、焦慮、嚴重憂鬱、自戕、有自殺傾向等，這裡列出的僅是一小部分。患者否認自身存在，這讓他們的病情聽起來像小說情節。

▼科塔爾症候群的離奇症狀

一九八九年十月，二十八歲的股票經紀人，姑且稱之為威爾（Will），發生了嚴重的摩托車意外。他腦部受到重創，陷入昏迷，雖然幾天後恢復意識，但他在醫院裡住了好幾個月，治療腦傷以及其他損傷引起的感染。

到了隔年一月，威爾的復原情況非常良好，已經可準備出院。他的身上有些問題永遠好不了，例如右腿行動困難以及喪失部分視覺。但是最困擾他的問題發生在他的腦袋裡：他相當確定自己已經死了。

威爾的母親為了幫助兒子早日康復，帶他去南非度假。但南非的炎熱讓威爾相信這個地方就是（真正的）地獄，因此更加確定自己必定是個死人。母親難以置信地問他是怎麼死的，他說了幾個可能的死因。有可能是血液感染（這是治療初期的風險），也有可能是他之前打黃熱病疫苗之後的併發症。此外他也提出自己可能死於愛滋病，雖然他沒有感染HIV病毒或愛滋病的任何跡象。

有一種強烈的感覺纏上威爾，揮之不去——他覺得身旁所有東西都……這麼說好了……不是真的。車禍前熟悉的人和地方，他現在都不太認得，所以他愈發覺得自己住在一個奇怪又陌生的世界。連母親都不像真的母親。其實在南非度假的時候，威爾就曾這麼說過。他認為真正的母親在家裡睡覺，是她的靈魂陪伴他遊歷陰間。〔5〕

四十六歲的茱莉亞（Julia）有嚴重的雙相情緒障礙症（bipolar disorder），入院時她相信自己的大腦和內臟都已消失。她覺得她早已不存在，只剩下一副空殼般的軀體。她的「自我」消失了，所以她（無論從哪個意義上看來都）是個死人。她不敢泡澡也不敢淋浴，因為怕自己空空如也的身體會滑進排水孔流走。〔6〕

三十五歲的凱文（Kevin）憂鬱的情況愈來愈嚴重，幾個月之後，腦海中的念頭漸漸演變成妄想。一開始，他懷疑家人正在密謀要對付他。接著，他認為自己已經死了，也已經下地獄，只是身體仍在人間。現在這副身體是空殼，裡面一滴血液也沒有。為了證明自己的想法沒錯，他從岳母家的廚房裡拿了一把刀，反覆戳刺手臂。他的家人明智地叫了救護車，將他送進醫院。〔7〕

▼重拾現實感

科塔爾症候群患者的大腦顯然有問題。發病之前，通常發生過嚴重的神經系統事故（中風、腫瘤、腦傷等等），或出現精神疾病（憂鬱症、雙相情緒障礙症、思覺失調症等等）。不過這些情況導致科塔爾症候群仍屬少見，神經科學家尚未找到明確原因，可以解釋科塔爾症候群患者的大腦為何如此與眾不同。再加上每個患者的症狀都不太一樣，判斷起來更加困難。話雖如此，有些共同症狀或許能提供蛛絲馬跡，幫助我們了解這種症候群。

科塔爾症候群的患者經常說，他們身處的世界莫名其妙變得很陌生。多數人看到自己曾邂逅多次的人事物時，大腦都能點燃辨認的火花，但這件事不會發生在科塔爾症候群的患者身上。舉例來說，患者可能認得母親的臉，但就是莫名的感到陌生。她似乎缺

5 A.W. Young and K.M. Leafhead, "Betwixt life and death: case studies of Cotard delusion," in *Method and Madness: Case Studies in Neuropsychiatry*, ed. P.W. Halligan and J.C. Marshall (East Sussex, England: Taylor & Francis, 1996), 147–71.

6 H. Debruyne, M. Portzky, F. Van den Eynde, and K. Audenaert, "Cotard's syndrome: a review," *Current Psychiatry Reports* 11, no. 3 (June 2009): 197–202.

7 A.W. Young and K.M. Leafhead, "Betwixt life and death: case studies of Cotard delusion," 147–71.

乏某種無形——但重要的——個人特質，所以患者即使看到這個生命中最重要的人，卻無法產生預期中的的情感反應。

患者也可能會有疏離感，彷彿自己是這世界的旁觀者，而不是參與者。術語叫做人格解離（depersonalization）。此外，周遭的一切都散發超現實的氣氛，讓患者相信自己生活在擬真的夢境裡——這是一種叫做喪失現實感（derealization，亦稱失實症）的症狀。科塔爾症候群患者體驗到的陌生感、人格解離、喪失現實感，都會嚴重扭曲他們眼中的現實世界。不難想像這會讓大腦難以負荷。

大腦碰到如此矛盾的情況會拚命尋找原因。對大腦來說，能夠合理解釋各種生活事件是非常重要的。若找不到合理的解釋，世界很快就會變成無法預測、無法理解，最終變得無法忍受。因此為了清楚解釋所經歷的事情，大腦會無所不用其極。如果在經驗裡出現大腦難以合理解釋的元素，它會退而求其次：自己捏造合理的答案。

每個人的大腦都會這麼做，而且隨時隨地都在做，只是我們察覺不到。例如有研究發現，我們每天做的決定不計其數——從什麼時間吃點心，到要跟誰出去約會——但我們做這些決定時總是不假思索。我們好像大部分的時間都處於自動駕駛模式。可是每當有人問我們為什麼做這樣的決定時，大腦幾乎總能想出好答案來合理化我們的選擇。但有時候，它想出來的答案完全不合理。

有一項研究讓男女受試者看兩名女性的照片，請他們選出比較好看的那位。受試者做出決定之後，研究人員隨即將照片放在他們面前，要他們解釋為什麼選這個人。但受試者不知道的是，研究人員會偷偷調換照片（占比約二十%），要受試者解釋自己為什麼挑中這個（他們明明沒挑中的）人。

大多數受試者都沒有識破研究人員的詭計。他們通常不會質疑照片上的人不是自己選的那個，而是當場想出合理的答案，說明為什麼覺得眼前照片上的人比較好看，例如「她看起來很辣」，或是「我覺得她比較有個性」（兩張照片差異甚大，所以受試者不是單純的認錯人）。〔8〕

這種非刻意的捏造叫做**虛談**（confabulation），大腦做這件事的頻率比你以為的更高。虛談的原因可能有百百種，但這似乎是大腦遇到自己無法明確解釋的事件時，會使用的策略。神經科學家相信，科塔爾症候群患者的大腦也做了類似的事情。

從這個角度來說，科塔爾症候群的起點，是前面提過的幾種狀況（例如創傷、腫瘤

8 P. Johansson, L. Hall, S. Sikström, and A. Olsson, "Failure to detect mismatches between intention and outcome in a simple decision task," *Science* 310, no. 5745 (October 2005): 116–19.

等等）導致大腦功能異常。大腦功能異常導致現實感喪失與人格解離，進而使患者覺得周遭的一切很陌生，欠缺他們預期中的「真實感」。於是患者的大腦努力理解這樣的經驗，瘋狂尋找合理的解釋。

基於不明原因，科塔爾症候群患者容易把注意力轉向內在，認為如果外在經驗不對勁，毛病可能出在自己身上。結果基於某些更加不明的原因，大腦找到的解釋是他們已經死了、正在腐爛、被邪靈附體，或其他稀奇古怪的、與存在有關的原因。

這一連串環環相扣的假設聽起來有點誇張。畢竟，喪失現實感這樣的症狀沒那麼少見；很多人（某些估計高達七十五％〔9〕）會有類似的——但非常短暫的——喪失現實感的經驗。但有這種經驗的人，幾乎都不會認為自己已經死了。顯然，科塔爾症候群患者的大腦裡還發生了別的事情。神經科學家相信，或許是重要的合理性檢查機制（plausibility-checking mechanism）沒有發揮作用。

▼大腦的「合理性檢查機制」

大腦偶爾會錯誤解讀生活裡發生的事，但我們通常不會想出一個明顯不合理的解釋。大腦似乎有一套用來評估邏輯的機制，確保我們的邏輯可以通過合理性的檢驗。

在多數有過喪失現實感或人格解離等症狀的人身上，這套合理性檢查機制能使他們立刻否決「我感覺到自己脫離現實，是因為我已經死了」的想法；大腦認為這個提議很荒唐，很可能再也不會想起它。但是在科塔爾症候群的患者身上，這套合理性檢查機制顯然壞掉了。大腦將脫離現實的感覺歸因於他們已經死了，這個想法不知為何保留了下來，而大腦也認為這個解釋站得住腳。於是在其他人眼中絕對是妄想的念頭，成了他們深信不移的答案。

醫生在為科塔爾症候群患者（以及後面會介紹的另外幾種行為古怪的精神障礙患者）尋找腦部損傷時，經常發現腦傷位於右腦。神經科學家因此假設合理性檢查機制位於右腦。

大腦分為兩半，叫做大腦半球（cerebral hemispheres）。左腦半球和右腦半球的劃分簡單有力，因為有一道裂縫將大腦一分為二。乍看之下，左右兩邊一模一樣，但受過訓練的神經科學家用肉眼就能看出兩者並非完全對稱。透過顯微鏡觀察，差異更加顯著。因

9 E.C. Hunter, M. Sierra, and A.S. Alex, "The epidemiology of depersonalisation and derealisation. A systematic review," *Social Psychiatry and Psychiatric Epidemiology* 39, no. 1 (January 2004): 9–18.

此左腦與右腦的功能有差異或許不足為奇。

長期以來，一直有人拿這些差異做文章，以偏用錯誤的方式來解讀左腦和右腦的不同，以偏概全又過於誇大。例如斬釘截鐵地說，有些人較常使用右腦，也就是「右腦人」，所以擅長創意思考，「左腦人」則比較有邏輯。這是大家耳熟能詳的觀念，但神經科學家認為這只是迷思。實際上，我們使用大腦時不會特別偏左或偏右，而是完整使用兩個半腦。

不過有些功能（例如語言的某些能力）會比較依賴某一個大腦半球。所以科塔爾症候群與右腦損傷有關的假設，並非全然不可能。但科塔爾症候群（可能也包括合理性檢查機制）與右腦的關聯性依然只是假設，只不過許多（但不是所有）神經科學家深入研究過的科塔爾症候群案例，都支持這項觀察結果。

無論合理性檢查機制確切位於何處，但在推演患者如何發展出科塔爾症候群的通用模型中，這個假設的機制扮演著重要角色。首先，大腦功能異常造成疏離症狀，例如喪失現實感與人格解離。大腦出於習慣，會先試著為眼前的情況找答案。問題是，仔細檢

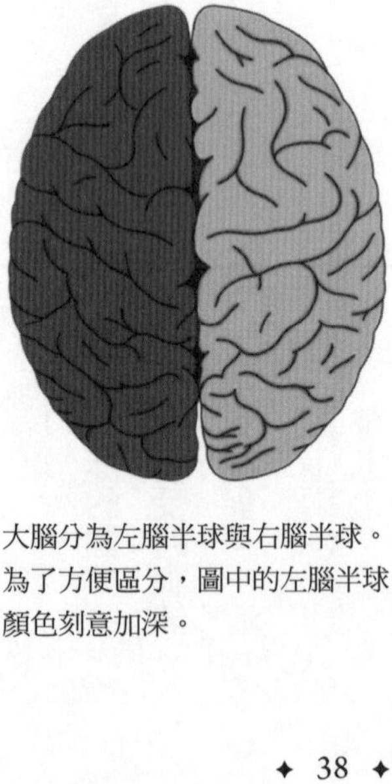

大腦分為左腦半球與右腦半球。為了方便區分，圖中的左腦半球顏色刻意加深。

查並淘汰不合理答案的能力也受損了，於是大腦只好捏造稀奇古怪的答案，告訴自己身體已經死了（或是邪靈附體、正在腐爛等等），而且不會因為這個答案不合理而淘汰它。

有人認為，這種階段性的妄想形成過程也適用於另一些妄想症。這些妄想症的症狀也很古怪，不亞於科塔爾症候群。

▼身邊的人全是冒牌貨

一九七四年初，四十四歲的亞歷克斯（Alex）人生急轉直下。他剛剛經歷了一段失業的日子，財務吃緊，但當他終於找到工作時，情況反而愈來愈糟。經濟困境留下的心理創傷很深，他對金錢的焦慮感如影隨形。他時時刻刻都很擔心自己快要丟掉這份新工作——執念使他輾轉反側，每天睡眠不足兩小時。

亞歷克斯顯然有精神方面的問題，但更糟的還在後面。心理上承受許多痛苦的他被汽車撞到，頭部受到重創。醫生幫他開刀止住腦部出血的時候，發現他很可能會有永久性的腦傷。亞歷克斯的右腦額葉積血，壓迫敏感的大腦組織並殺死了腦細胞。

亞歷克斯受傷後，在醫院住了十個月。住院期間他復原得相當不錯，醫生允許他週末返家與親人團聚。在那之後，亞歷克斯的行為變得愈來愈古怪。

第一次返家後，他一回到醫院就告訴醫生，那個家不是他車禍前住的家。這樣的陳述通常不值得擔心，問題是亞歷克斯的家人沒有搬家；他週末與家人團聚的那幢房子，就是他住院前居住的房子。醫生請他描述新家，他說新家與舊家幾乎一模一樣。他無法明確指出兩者有什麼差異，可是他很確定不是同一幢房子。

如果亞歷克斯異常的邏輯僅限於房子，醫生或許不會那麼擔心。但他說新家裡住的那些人也不是他的家人。如同房子，這群人看起來跟他原本的家人幾乎毫無二致。他說兩個老婆名字一樣、家鄉一樣、外貌一樣、行為舉止也一樣。新家也有五個孩子，跟原本的五個孩子長得完全一樣，連胎記都相同。但是他堅稱自己知道這群人不是他的家人——雖然他無法解釋為什麼。

令人意外的是，亞歷克斯對這種情況處之泰然。他看上去沒有絲毫猶豫，欣然接納了新的家人。他不知道原本的家人為什麼離開，但他很感激老婆有先找好替代的人。

他也知道自己的陳述很不可思議。以下是他與其中一位醫生的對話紀錄：

醫：（全家被掉包）是否很奇怪？

亞：難以置信！

醫：你覺得是為什麼？

亞：我不知道。我試著自己想明白，但幾乎無法想通。

醫：如果我說我不相信呢？

亞：我完全理解。其實我自己說這件事的時候，也覺得我在編故事……這不太對勁，哪裡怪怪的。

醫：如果別人跟你說他全家被掉包，你會怎麼想？

亞：我會覺得詭異到不行……〔10〕

雖然亞歷克斯知道這個想法很詭異，但是他仍然堅持己見。幾個月後醫生再次訪談他，他依然堅稱已經好久沒見到真正的家人。他說冒牌家人已在他的生活裡發揮主要的家庭作用。

亞歷克斯的情況叫做卡普格拉症候群（Capgras syndrome）。一九二三年，法國的精神

10 M.P. Alexander, D.T. Stuss, and D.F. Benson, "Capgras syndrome: a reduplicative phenomenon," *Neurology* 29, no. 3 (March 1979): 334–39.

科醫師約瑟夫・卡普格拉（Joseph Capgras）率先描述了這種精神障礙，因此以他為名。卡普格拉症候群患者的異常行為非常獨特：他們相信身旁的人（配偶、孩子、父母、手足）被偷偷調換，取而代之的是外貌與行為都和正版一模一樣的冒牌貨。病患宣稱自己能夠分辨正版與冒牌貨之間的細微差異，例如外貌和行為——或是某種無法言明的抽象特質。

日復一日，卡普拉格症候群的患者在生活裡發現的冒牌貨愈來愈多。有些患者甚至認為，冒牌貨已徹底占據他們的世界。史上第一位卡普格拉症候群患者，約瑟夫・卡普格拉稱之為M女士，她相信女兒遭到綁架，調換成冒牌貨。這個假女兒後來多次被調換，四年內她的冒牌女兒多達兩千人。M女士也相信丈夫已被殺害和取代。她對自己無法為丈夫申張正義感到失望，因為警察也被掉包成冒牌貨了。〔11〕妄想甚至會延伸到寵物身上；曾有患者相信他的貴賓狗是冒牌貨。〔12〕

除了相信身旁充滿冒牌貨之外，患者的心理功能相對正常。記憶力通常完好無缺，思考清晰，甚至經常承認自己的妄想聽起來很荒謬（但不會因此摒棄妄想）。不過，卡普格拉症候群患者有其他的心理功能異常。

他們常說感受不到與其他人有情感連結。科學家透過研究證實卡普格拉症候群患者確實有情感麻木的情況，他們發現，患者看見認識的人時，缺少典型的情感反應。〔13〕

也就是說，當你看見母親的照片時，大腦裡的某處會放電並產生情感反應，例如愛、安全感等等（至於會產生怎樣的情感，取決於你與母親之間的關係）。但是卡普格拉症候群患者看見熟人的臉時，情感反應微乎其微，甚至完全沒有反應。

期待與感知之間再次出現落差。大腦一方面認得熟悉的臉，一方面知道這張臉沒有引起應有的情感反應。急欲解釋這種情感缺失的大腦，於是想出一個不成熟的解釋：「既然你和這個人沒有情感連結，對方肯定不是你以為的那個人。」

通常只要稍微理性分析一下，就會淘汰這種解釋。但卡普格拉症候群——如同科塔爾症候群——牽涉到大腦的合理性檢查機制失效。你應該已經猜到，卡普格拉症候群通常也與右腦的損傷有關。〔14〕

11 C. Pandis, N. Agrawal, and N. Poole, "Capgras' delusion: a systematic review of 255 published cases," *Psychopathology* 52, no. 3 (July 2019): 161–73.

12 V.S. Ramachandran, "Consciousness and body image: lessons from phantom limbs, Capgras syndrome and pain asymbolia," *Philosophical Transactions of the Royal Society of London B: Biological Sciences* 353, no. 1377 (November 1998): 1851–59.

13 W. Hirstein and V.S. Ramachandran, "Capgras syndrome: a novel probe for understanding the neural representation of the identity and familiarity of persons," *Proceedings of the Royal Society of London B: Biological Sciences* 264, no. 1380 (March 1997): 437–44.

▼妄想誤認症候群

研究者認為卡普格拉症候群是一種妄想誤認症候群（delusional misidentification syndrome），因為患者除了有妄想執念之外，辨認他人身分的能力也有缺陷，包括他們理應最確定的身分。科塔爾症候群有時也會被歸類為妄想誤認症候群，因為它展現的是最誇張的誤認類型：誤認自己（已經死了、正在腐爛等等）。

妄想誤認症候群還有另外幾種非常古怪的症狀，不輸前面描述過的那些。例如弗雷戈利妄想症（Fregoli delusion）的患者相信，陌生人其實是他們認識的人——只是經過偽裝。有個案例叫C太太，女性，六十六歲。她說表弟和他的朋友自從搬到附近之後，就一直偷偷跟蹤她。C太太表示，跟蹤她的人會戴假髮、假鬍子和墨鏡隱藏身分，暗中追蹤她的一舉一動。C太太看診經常遲到，因為她必須刻意繞路擺脫跟蹤的人。〔15〕

分身症候群（syndrome of subjective doubles）的患者相信自己有個分身——就像科幻恐怖片《天外魔花》（*Invasion of the Body Snatchers*）裡的複製人——分身看起來跟他們一模一樣，過著不同的生活。有個住院的患者相信她有兩個分身：一個正以成為美國總統為目標接受訓練，另一個也是這家醫院的住院病患，只是病房在不同區，而且企圖以虐待式性愛

破壞她的名聲。〔16〕

有些人甚至認為，鏡子裡的倒影是惡作劇。這種症狀叫做鏡像自我誤認（mirrored-self misidentification），患者相信自己的倒影其實另有其人。他們懷疑倒影正在監視他們，而且經常非常在意或害怕鏡子裡的自己。有個患者說倒影常常偷她的衣服跟首飾〔17〕，另一個患者相信鏡中倒影是過世的岳父化身為人，意圖傷害他與家人。他經常跟家裡的鏡子吵架，以致他女兒不得不把鏡子全部蓋起來。〔18〕

妄想誤認症候群的症狀也可能與人類無關。例如妄想同伴症候群（delusional companion syndrome）的患者相信，某些無生命的物品也有感情，他們會與這些物品交談，

14 H.D. Ellis, "The role of the right hemisphere in the Capgras delusion," *Psychopathology* 27, no. 3-5 (1994): 177–85.

15 K.W. de Pauw, T.K. Szulecka, and T.L. Poltock, "Frégoli syndrome after cerebral infarction," *The Journal of Nervous and Mental Disease* 175, no. 7 (July 1987): 433–38.

16 R.J. Berson, "Capgras' syndrome," *American Journal of Psychiatry* 140, no. 8 (August 1983): 969–78.

17 J.L. Mulcare, S.E. Nicolson, V.S. Bisen, and S.O. Sostre, "The mirror sign: a reflection of cognitive decline?" *Psychosomatics* 53, no. 2 (March–April 2012): 188–92.

18 A. Villarejo, V.P. Martin, T. Moreno-Ramos, A. Camacho-Salas, J. Porta-Etessam, and F. Bermejo-Pareja, "Mirrored-self misidentification in a patient without dementia: evidence for right hemispheric and bifrontal damage," *Neurocase* 17, no. 3 (June 2011): 276–84.

也經常和它們建立緊密的關係。常見的情況是填充動物玩偶或娃娃。例如有一名八十一歲的女性，十七年前退休時收到一隻泰迪熊玩偶禮物，她把這隻玩偶當成有生命的同伴。她在與醫生交談時，把這隻泰迪熊描述成「對現況非常感興趣、超棒的人」。有一次她看醫生時把泰迪熊放到診間外面，目的是「保密」。她多次嘗試餵食泰迪熊都沒有成功，最後只讓這隻填充玩偶「吸收了一點液體」。〔19〕

從神經學的角度來說，這些症狀雖然五花八門卻擁有相同的主題，其中一個主題是患者的右腦通常受過傷。有些神經科學家指出，妄想誤認症候群可能都與合理性檢查機制受損有關。這個假設似乎有道理，只是仍有許多問題尚待回答。

例如右腦的哪些區域參與了合理性檢查機制，以及這些區域如何攜手合作完成如此複雜的任務。當然也有些症狀（喪失現實感、情感疏離等等）會讓大腦自己先找答案；這些症狀目前尚未找到明確的神經科學解釋。

• • •

科塔爾症候群與其他妄想誤認的精神障礙都怪異到匪夷所思，令人想要一探究竟。但如同我將在書裡討論的許多精神障礙，它們使我們清楚地看見，人類對「現實」的理解沒有我們想像中那麼牢靠。我們理所當然地認為大家眼中都看到邏輯一致、連貫又合理的世界。但我們要有正常運作的神經零件，才能建立明確的世界觀，而這些零件——如同機器的零件——是有可能故障的。只要遇到一次頭部受傷、中風或腫瘤，我們每個人都有機會變成本章描述的患者。我們的意識覺察能力真的很脆弱，而容易受損的不僅止於認知功能（例如正確辨認熟人）。下一章我們要討論大腦可能會以怎樣的方式，扭曲你感知到的身體形狀與結構（甚至是身體所屬的物種）。

19 M.F. Shanks and A. Venneri, "The emergence of delusional companions in Alzheimer's disease: an unusual misidentification syndrome," *Cognitive Neuropsychiatry* 7, no. 4 (November 2002): 317–28.

CHAPTER

2

你的身體不是你的身體

PHYSICALITY

二十四歲的大衛（David）因為相信自己是隻貓，而住進波士頓市郊的大型精神病院麥克連恩醫院（McLean Hospital）。他之所以堅信自己是貓，部分是因為他的貓蘿拉這麼告訴他。蘿拉教大衛「貓語」，所以他能和貓界的親朋好友溝通。

大衛非常忠於自己的貓咪人設。他的行為像貓，而且是隨時隨地——就像一隻真貓。他像貓一樣行走坐臥、打獵、玩耍，甚至（遺憾地）曾與好幾隻貓發生性行為。他的戀愛取向也是貓，曾迷戀上當地動物園的一隻母老虎。可惜這份感情是單戀，但他希望有一天能把母老虎救出囚籠，藉此贏得牠的芳心。

大衛相信自己是貓不是一天兩天的事。他在一九八〇年代住進麥克連恩醫院時，已經當貓十三年。醫生嘗試用密集治療與各種藥物來矯正他的錯誤觀念。但是六年過去了，大衛的想法堅定如昔，沒有一絲動搖。〔1〕

大衛的情況叫做狼化妄想症（clinical lycanthropy），患者認為自己已經變成（或可以變成）動物。過去狼化一詞指的是可變身為狼的能力。自古以來，傳說與神話中擁有這種能力的人叫lycanthrope，直譯為「狼人」，現代英語較常使用的狼人是werewolf這個單字。

狼化妄想症的患者相信自己能變身成其他動物（不是變成真正的狼人——有人認為，現代社會仍有狼人存在）。〔2〕狼化妄想症雖然以「狼化」為名，但在臨床上，自認可以變身成動物（不限於狼）的患者都會被診斷為狼化妄想症。不過有些研究者認為「狼化」應保留給狼人，自認變身為其他動物的患者可統稱為**獸化**（zoanthropy）。

狼化／獸化妄想症的臨床案例非常罕見，不過從十九世紀中葉至今，科學論文發表過的案例已經超過五十個，患者堅稱自己已經變身、或是有能力變身成另一種動物。他們變身的動物類型應有盡有。舉例來說，狼化妄想症的醫學文獻裡，描述了相信自己可以變身成貓、狗、狼、牛、馬、青蛙、蜜蜂、蛇、野豬、鵝、鳥的人，甚至還有沙鼠。〔3〕

▼狼化妄想症的昔與今

狼化妄想症的存在由來已久。許多人認為《聖經》裡的巴比倫王尼布甲尼撒二世

1 P.E. Keck, H.G. Pope, J.I. Hudson, S.L. McElroy, and A.R. Kulick, "Lycanthropy: alive and well in the twentieth century," *Psychological Medicine* 18, no. 1 (February 1988): 113–20.

2 總部設於倫敦的數據與分析研究團體YouGov於二〇二一年，針對一千名美國人做了線上問卷調查，發現有九％的美國人相信確實有狼人（誤差範圍約為四％）。

3 J.D. Blom, "When doctors cry wolf: a systematic review of the literature on clinical lycanthropy," *History of Psychiatry* 25, no. 1 (March 2014): 87–102.

（Nebuchadnezzar II，642 - 562 BCE〔4〕，確切生卒年不詳）是歷史記載中最早的案例之一。《聖經》裡對尼布甲尼撒的記述中提到，這位驍勇善戰的國王曾有七年舉止無異於動物，還像牛一樣吃草——原因是他太傲慢，受到神的懲罰。古典文獻與中世紀文獻裡也有許多狼化的描述，但詮釋這些描述會比較複雜，因為當時的人認為他們真的具備變身成動物的能力（而不是精神有問題）。因此，年代較久遠的狼化描述在醫學上的正確性有待商榷。用超自然角度解釋狼化是長達數千年的主流作法，直到十九世紀科學觀點才漸漸占了上風。十九世紀的科學家開始把狼化視為一種妄想症，將案例記錄為醫學現象，而不是民間傳說。

在最早的臨床紀錄中，有一個案例是一八五〇年代被送進精神病院的法國男性，他宣稱他已經變成狼。為了證明自己是狼，他張大嘴巴秀出新長的尖牙。他也展示了自己的身體，因為他堅稱身上長出狼毛。醫生記下他的說詞，只不過——毫無意外——完全無法證實。他們只看到一個毛髮比普通男性稍微茂盛一點、精神狀態非常錯亂的人。

這名患者堅持只吃生肉，精神病院的工作人員勉為其難的為他供應生肉，他卻依然拒吃，嫌棄這生肉太新鮮。後來他嚴重營養不良，懇求醫生帶他去樹林裡，把他當成狗一樣將他一槍斃命。醫生當然沒有同意。最終這名患者因為營養不良而在醫院裡過世。〔5〕

大衛的案例顯示，狼化妄想症不只存在遙遠的過去。現今人們依然會時不時陷入極不尋常的念頭裡，發現自己原來不是人類。例如阿蕾娜（Aleyna）。二〇一〇年，憂心忡忡的家人帶她來到貝魯特的一家醫院。阿蕾娜的父親是糖尿病患，他的右腳腳趾切除後不久，阿蕾娜竟罹患了憂鬱症。在一次憂鬱症發作後，阿蕾娜的精神每況愈下。她對父親截肢一事深感內疚，儘管這完全不是她的錯。過度自責——而且通常是沒必要的自責——是憂鬱症常見的症狀。阿蕾娜出現強烈自責和憂鬱情緒，在時間上正好吻合。

醫生開了一種抗憂鬱藥物給阿蕾娜，但她服藥幾週後依然沒有好轉的跡象。事實上，她不但沒有好轉，反而發展出一種令人擔憂的奇特行為：她經常無緣無故伸出舌頭，然後又快速縮回嘴裡。這個新習慣出現不久後，她告訴家人，她已經變成一條蛇。她具體表明阿蕾娜已經死了，魔鬼用一條蛇取而代之。（看過第一章的你或許已發現，阿蕾娜除了狼化妄想症之外，也有科塔爾症候群的症狀。）

阿蕾娜拒絕繼續服用抗憂鬱藥物，因為那是「阿蕾娜的藥」，而阿蕾娜已不在人世

4 BCE是Before the Common Era（公元前）的縮寫，以非宗教方式指稱公元元年之前的時間——另一種同義用法是BC（Before Christ）。

5 Ibid.

（當然）。家人基於宗教信仰，自然想到要帶阿蕾娜去找牧師，牧師判斷這是典型的惡魔附身。驅魔失敗後，家人將她送到醫院。

入院後，阿蕾娜再次強調她是蛇，而且她很想咬（和殺死）醫院的工作人員。她確實曾在住院期間，試圖要咬幾名醫護人員的手。醫生給阿蕾娜的診斷是伴隨精神病特徵的憂鬱症，為她開的處方是通常用於治療思覺失調症的藥。幸運的是，這些藥物似乎奏效：阿蕾娜幾天內就康復出院，不再幻想自己是任何動物。〔6〕

另一個現代案例是一名三十二歲伊朗男性，姑且叫他阿米爾（Amir）吧，他走進醫院時自稱是一條狗，與醫生交談時，語氣平淡地說他妻子也變成狗了。阿米爾說，在他自稱的身體變化發生時，他的嗅覺也變得像狗一樣敏銳，而敏銳的嗅覺使他發現兩個女兒的尿聞起來像綿羊尿（至於阿米爾為什麼如此熟悉綿羊尿的氣味，以及他為什麼會去聞女兒的尿，原因不明且令人不安）。所以，阿米爾相信兩個女兒都已變成綿羊。

阿米爾和阿蕾娜一樣，也表現出科塔爾症候群的症狀，他相信自己原本人類的身體已經死去，被狗的身體取代。醫生診斷他罹患雙相情緒障礙症、科塔爾症候群，以及一種罕見的狼化妄想症——之所以罕見，是因為患者通常只會覺得自己變身成動物，不會出現其他人也變身的想法。在醫院接受大約兩週的治療後，阿米爾的症狀逐漸消退。兩

個月後追蹤回診時，他已經完全康復。〔7〕

▼狼化妄想症的大腦機制

阿蕾娜與阿米爾的診斷結果都是除了狼化妄想症之外，同時還有另一種精神障礙。患者發展出狼化妄想症之前，已患有思覺失調症、憂鬱症、雙相情緒障礙症等疾病是常見的情況。第一章提過，人格解離（也就是感覺自己是與世界無關的旁觀者）是科塔爾症候群的主要症狀，實際上這也是狼化妄想症患者的共同特徵；甚至有人認為，狼化妄想症是一種極端的人格解離。〔8〕狼化妄想症在臨床上也被視為典型的妄想症，這一點並不令人意外。

6 R.B. Khalil, P. Dahdah, S. Richa, and D.A. Kahn, "Lycanthropy as a culture-bound syndrome: a case report and review of the literature," *Journal of Psychiatric Practice* 18, no. 1 (January 2012): 51–4.

7 A.G. Nejad and K. Toofani, "Co-existence of lycanthropy and Cotard's syndrome in a single case," *Acta Psychiatrica Scandinavica* 111, no. 3 (March 2005): 250–52.

8 K. Rao, B.N. Gangadhar, and N. Janakiramiah, "Lycanthropy in depression: two case reports," *Psychopathology* 32, no. 4 (July 1999): 169–72.

然而，若想用神經科學來解釋狼化妄想症，我們只能靠猜測。狼化妄想症患者的哪些大腦區域發生異常，目前還沒有專門的研究。考慮到這是一種妄想症，說不定是第一章討論過的「合理性檢查機制」在某種程度上出了問題。否則，我們會認為相信自己變成了狼、豬和蛇等，是明顯不合理的想法，而摒棄這些念頭。

不過神經科學家認為會出現狼化妄想症，可能還有另一種大腦機制受到損壞。這種機制與建立身體的認知表徵（mental representation，又叫心智表徵）有關——科學家通常稱之為**身體基模**（body schema）。這是身體的虛擬形象，大腦會利用它來掌握身體的空間位置，隨時留意身體的姿勢——這些事一直在後台進行，只是你沒有發現。

閉上眼睛，慢慢移動手臂，這能幫助你了解身體基模的作用。雖然你看不見手臂，但應該清楚知道手臂在哪裡、在做什麼——你甚至在腦海裡有一個清晰的影像，彷彿看得見手臂做這些事情的樣子。這就是身體基模的作用。它建立身體意識，幫助你能協調的移動自如、了解自己的姿勢，從而與環境互動。

可靈活調整是身體基模的一大特色。這很合理，因為身體具有適應性，會隨著年齡、活動、損傷等因素改變。從出生到死亡，調整校正對身體基模來說是家常便飯——原因包括典型的身體經驗（例如生長）與外傷（例如失去四肢）。

但是研究人員相信，神經系統異常可能會干擾身體基模，以狼化妄想症來說，至少有部分案例可能和大腦建立正確身體基模的能力受損有關。確實有些狼化妄想症患者聲稱，他們可以感覺到自己的身體正在改變；而這種感覺，也成為他們合理化自身古怪想法的原因之一。

比如說，有一名二十一歲的男性跑去就醫，因為他覺得胸部變厚、變寬，肋骨也變得很像狗的肋骨。除了主觀感知的身體變化，他的行為也有改變。他與醫生見面時發出像狗一樣的嚎叫，還到處聞來聞去熟悉周遭環境。[9]另一個相信自己是狼人的患者如此描述變身過程（通常發生在他情緒低落的時候）：「我感覺全身上下的毛髮好像都在變長，牙齒也愈來愈長……我覺得皮膚不像是自己的皮膚。」[10]以這兩個案例來說，患者都表示自己能感覺到身體正在變化，這表示促使他們相信自己能變身成動物的身體感受，有可能源於身體基模受到幻覺干擾。

9 Ibid.
10 M. Benezech, J. De Witte, J.J. Etcheparre, and M. Bourgeois, "A lycanthropic murderer," *American Journal of Psychiatry* 146, no. 7 (July 1989): 942.

▼幻肢──喪失的部位依舊有感覺

雖然狼化妄想症可能與身體基模出現病理變化有關，但身體與身體基模不一致也可能反向發生：身體改變了，但身體基模沒有配合更新現況。例如四十二歲的裘蒂（Judy）碰到一場嚴重車禍，右手臂截肢。手術幾天後她仍一直感覺右手臂還存在，微微彎曲的懸垂在身側。雖然右手臂動不了，但她能感覺到它就在那兒──儘管她清楚知道，這條手臂已經手術切除了。

裘蒂的抱怨出乎意料的普遍；幾乎每一個截肢患者都有這種揮之不去的感覺，認為已切除的身體部位依然存在。〔11〕這種情況叫做幻肢（phantom limb），但它不是四肢的專利，幾乎任何身體部位都可能產生幻肢現象，例如手指、眼睛、乳房、生殖器，甚至連牙齒也會。〔12〕

幻肢聽起來很有意思，其實對大部分患者來說，幻肢帶來的疼痛感非常難受（例如劇痛、灼熱感、痙攣、持續鈍痛）。有時是直接覺得幻肢很痛，但也有患者說是因為幻肢卡在不舒服的姿勢而覺得疼痛，但因為幻肢並不存在，他們無法把幻肢挪動到舒服的姿勢。例如有個軍人因為握在手裡的手榴彈爆炸，失去了一隻手。他感覺這隻手依然存

在，而且握拳握得極緊，造成持續疼痛。〔13〕

像我這樣老愛動來動去、不動不舒服的人，這種情況聽起來簡直就是惡夢；對幻肢患者來說，這確實是一場惡夢。感覺到幻肢疼痛的人會更加焦慮，生活品質偏低，罹患憂鬱症的風險也比較高。〔14〕

幻肢如何出現以及為何出現，目前還沒有明確的答案，但有個頗受支持的假設以身體基模為核心概念。這個假設認為，當肢體的一部分消失得太突然，身體的認知表徵卻依然完整，就會出現幻肢。也就是說，身體基模沒有跟上現況，更新截肢的資訊。這使患者心中生出期待——甚至明確感知到——失去的身體部位依然存在。

關於幻肢為什麼經常導致疼痛的假設很多，可是沒有明確的共識。（前面提過）幻

11 H. Flor, L. Nikolajsen, and T.S. Jensen, "Phantom limb pain: a case of maladaptive CNS plasticity?" *Nature Reviews Neuroscience* 7, no. 11 (November 2006): 873–81.

12 S.R. Weeks, V.C. Anderson-Barnes, and J.W. Tsao, "Phantom limb pain: theories and therapies," *Neurologist* 16, no. 5 (September 2010): 277–86.

13 V.S. Ramachandran and W. Hirstein, "The perception of phantom limbs. The D.O. Hebb lecture," *Brain* 121, no. 9 (September 1998): 1603–30.

14 M.T. Padovani, M.R. Martins, A. Venâncio, and J.E. Forni, "Anxiety, depression and quality of life in individuals with phantom limb pain," *Acta Ortopédica Brasileira* 23, no. 2 (March–April 2015): 107–10.

肢卡在不舒服的位置又沒辦法挪動幻肢，可能會導致疼痛。其他可能的原因包括大腦試著解釋截肢部位為什麼沒有感覺訊號輸入時，神經路徑出了錯；截肢部位神經元受損，製造異常訊號；或是其他截然不同的因素。顯然，我們已掌握的資訊還不夠多。

▼身體基模——大腦裡的虛擬身體形象

如果大腦裡真的有一個虛擬的身體形象，合理的問題是：它位在大腦的哪個區域？答案和許多神經科學的問題一樣：這很複雜。如同其他錯綜複雜的認知功能，身體基模的建立似乎不僅與一個大腦區域有關。它可能是多個腦區構成一個精巧的網路、攜手合作的結果。

這個溝通網路模型，是現代神經科學研究大腦運作的一個好例子。在距離現在不是很久之前，神經科學家想用大腦活動來解釋某種行為時，總是努力尋找負責這種行為的特定大腦區域。時至今日，神經科學家認為，由大腦特定區域單獨執行的複雜功能（就算有的話）並不多。因此當我們試著解釋大腦在某方面如何運作時，通常會尋找協力完成一項任務的多個腦區。

當然，神經科學家既然接受大腦運作仰賴精密複雜的網絡，就不得不承認大部分的大腦功能複雜到難以拆解。尋找建立身體基模的網絡結構是個難以掌握的目標，神經科學家已為此努力了數十年。

儘管如此，研究者已經取得一些進展，找到幾個可能合作建構身體基模的大腦區域。這幾個區域之中，最容易辨認的是頂葉皮質（parietal cortex）。cortex（在拉丁語裡是樹皮或殼的意思）是指身體結構的最外層，而在此我們討論的是大腦皮質，也就是大腦的最外層。即使是大腦皮質最厚的地方，從大腦表面往內部延伸也僅有四．五公釐。雖然很薄，但大腦皮質可不只是大腦的外殼那麼簡單。大腦皮質裡的神經元負責多種功能，包括感官知覺與一些最複雜的認知功能。折疊的皮質組織形成獨特的大腦外觀：凹凸的表面結構看起來蜿蜒曲折、錯綜複雜。

頂葉皮質位在大腦的中後方，與頂葉（parietal lobe）是同義詞。神經科學家用腦葉（lobe）來區分幾個不同的大腦部位：額葉（frontal lobe）、頂葉、顳葉（temporal lobe）、枕葉（occipital lobe）。[15]這些部位原先是純粹結構上的區分，後來進一步研究發現，它們在的功能也有所區別（這不令人意外，因為這些腦葉占據的大腦體積都不算小）。

頂葉皮質可能從好幾個方面協助建立身體基模。首先，它包含一個叫做初級體覺皮質（primary somatosensory cortex）的區域——這是分析身體感覺資訊的關鍵區域。初級體覺皮質接收的是觸覺資訊——也就是你透過皮膚接收到的觸感、壓力、震動等感覺。當你觸摸東西（例如桌面）時，觸覺訊息會先送到初級體覺皮質，處理關於這次經驗的資訊（桌面是什麼質地？有多硬？）然後再送至大腦。

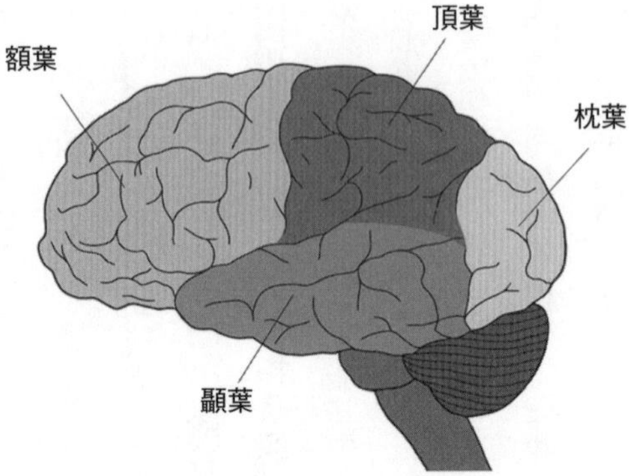

腦葉位置圖。圖中的「葉」字後均可加上「皮質」。例如頂葉也叫做頂葉皮質，額葉也叫做額葉皮質，以此類推。

初級體覺皮質在我們與實體世界的互動中發揮關鍵作用。不過，它也會接收一種雖然鮮為人知、但不可或缺的資訊——本體感覺（proprioception）。本體感覺使我們意識到身體的姿勢，以及它在空間裡的位置。你能以協調的方式在環境裡行動自如，仰賴的正是本體感覺資訊。本體感覺對維持身體基模來說至關重要；想要有正確的身體認知表徵，就必須根據身體的實際資訊時時更新認知表徵。

此外，初級體覺皮質接收到觸覺與本體感覺的資訊後，會與附近接收其他感覺（例如聽覺與

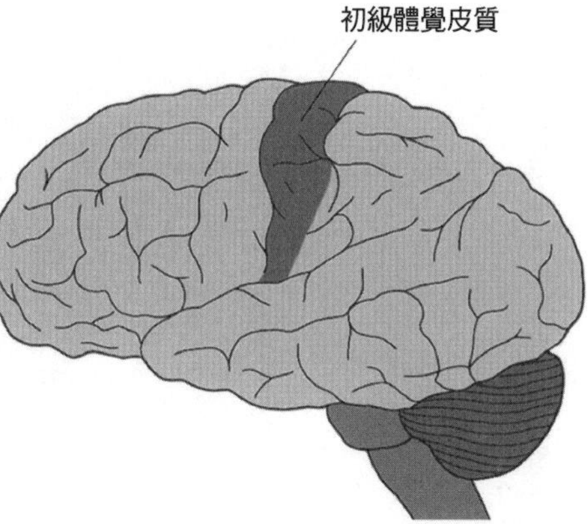

視覺）的大腦區域溝通。大腦將這些感覺資訊整合起來，鉅細靡遺地意識到身體的存在、身體正在做什麼，以及身體做這些事情的環境。

▼只看到一半的世界

頂葉皮質是建立身體基模的重要角色，支持這個想法的證據是：頂葉皮質受傷時可能會造成與身體感知異常有關的精神障礙。例如偏側空間忽略（hemispatial neglect），這在中風導致頂葉損傷的患者身上很常見。

偏側空間忽略的患者看不到視野某一側的

15 有時也包括第五和第六種腦葉，分別是邊緣葉（limbic lobe）與島葉（insular lobe）。我沒有介紹這兩種腦葉，是因為這兩個名詞沒有另外四種那麼常見，討論它們也無助於理解本書的內容。因此我決定只討論四種腦葉，這是更普遍也更簡單的作法。

東西，即使他們依然接收到來自完整視野的訊息，但他們把其中一半的世界當作不存在。例如只吃盤子裡某一側的食物，只穿一隻鞋（另一腳不穿鞋），刮鬍子只刮一側，化妝只畫半張臉。通常，他們完全沒有意識到自己無視一半的世界。事實上，有些病患處之泰然、不以為意的態度令人咋舌。

我們似乎很難想像有人會對這樣的缺陷毫無察覺。其實對自己的健康異狀缺乏了解是很常見的事，除了偏側空間忽略之外，也包括好幾種精神障礙。它們甚至有個專有名稱，叫病覺缺失症（anosognosia），是一種比較特殊的大腦現象。

Anosognosia直譯的意思是「對疾病一無所知」。病患明顯健康有異卻毫無察覺，就屬於病覺缺失症。患者除了意識不到健康異狀，也會堅決否認自己有問題，即使這需要荒唐地合理化自己的想法。

有些偏側空間忽略會演變成一種特殊類型的病覺缺失症，叫做偏癱病覺缺失症（anosognosia for hemiplegia）。偏癱的意思是半邊身體癱瘓或半身不遂，偏癱病覺缺失症指的是，半身不遂的患者沒有意識到自己的半邊身體癱瘓。儘管有明確的證據，患者依然堅信自己的身體完全正常。要求患者使用癱瘓的肢體執行某個動作時，他們可能會找藉口拒絕，例如「我現在有點累」，或是發脾氣並試圖改變話題。

有些患者會用天馬行空的妄想，來解釋身體為什麼無法正常運作。例如，他們會說自己身體的某個部位之所以動不了，是因為這個部位不屬於他們——這種情況叫做體覺妄想症（somatoparaphrenia）。以下是醫生與這類患者的真實互動，這名患者是左側半身不遂：

醫：你的左腿怎麼了？

患：一開始非常難受……因為這隻腳不是我的。

醫：腳不是你的，這是什麼意思？

患：我得出的結論是，這是一隻牛蹄。他們把牛蹄縫在我的腿上。我的腳看起來是牛蹄，感覺起來也是牛蹄，很重很重。但是我決定接受它。我跟它說，我願意帶你回家。〔16〕

科學文獻裡，有很多體覺妄想症患者用五花八門的故事描述癱瘓肢體的案例。有個患者說，她的手其實是婆婆的手。另一個患者說，有隻手「被遺留在地鐵上」，後來藉

16 P.W. Halligan, J.C. Marshall, and D.T. Wade, "Unilateral somatoparaphrenia after right hemisphere stroke: a case description," *Cortex* 31, no. 1 (March 1995): 173–82.

由手術接到她身上。還有患者堅稱歹徒砍掉他兄弟的手臂、扔進河裡，後來他發現這條手臂被放在他旁邊（他也不知道它是怎麼從河裡跑到他床上）。〔17〕

偏癱病覺缺失症與體覺妄想症，都和頂葉皮質或頂葉皮質發揮關鍵作用的網路受損有關。〔18〕〔19〕但是從病覺缺失症演變成妄想症（例如體覺妄想症），必定有某種機制牽涉其中，使患者從缺少病識感，變成相信自己缺少病識感有個離奇的解釋。有人假設原因是（第一章討論過的）合理性檢查機制出了錯——像中風之類的事件造成的腦損傷，就有可能破壞合理性檢查機制。〔20〕

從身體基模受損的症狀看來，它似乎是健康大腦的重要組成部位。我們已看過在某些情況下，大腦建立的身體基模與身體的實況並不相符。例如幻肢就是身體的某個部位雖已失去，但身體基模仍完好無缺。有些患者的情況正好相反：身體完好，但身體基模卻有殘缺。這可能會造成痛苦，而且這種痛苦經常令人難以承受，彷彿身體有（姑且這麼說吧）多餘的肢體。這種感知上的衝突可能會使人執著地渴望改變身體，想把身體變得跟身體基模一樣——無論必須付出什麼代價。

▼截肢癖患者的離奇執念

約翰霍普金斯大學的心理荷爾蒙研究中心（Psychohormonal Research Unit，簡稱PRU）成立於二十世紀中葉，專門研究那個年代的敏感主題，例如性別認同與性別重置手術。PRU是少數可以幫助患者處理性相關問題的醫療機構之一，經常有患者向PRU諮詢普通醫院很少碰到的問題。即便如此，PRU的員工接到艾薩克（Isaac）的電話時依然稍感震驚。

一九七〇年代，艾薩克打電話請PRU推薦願意幫他切除左腿的外科醫生。他在後來的信中寫道：「從十三歲開始，我只要醒著就會陷入一種奇怪的……頑強的希望、需求、渴望，想讓左腿接受膝上截肢，這種念頭時強時弱，但揮之不去。」〔21〕

17 T.E. Feinberg, A. Venneri, A.M. Simone, Y. Fan, and G. Northoff, "The neuroanatomy of asomatognosia and somatoparaphrenia," *Journal of Neurology, Neurosurgery and Psychiatry* 81, no. 3 (March 2010): 276–81.

18 H.O. Karnath and C. Rorden, "The anatomy of spatial neglect," *Neuropsychologia* 50, no. 6 (May 2012): 1010–17.

19 Ibid.

20 P.M. Jenkinson, N.M. Edelstyn, J.L. Drakeford, C. Roffe, and S.J. Ellis, "The role of reality monitoring in anosognosia for hemiplegia," *Behavioural Neurology* 23, no. 4 (2010): 241–43.

艾薩克對截肢的興趣帶有性的意味，所以他才會聯繫ＰＲＵ。他覺得截肢的人能夠正常度日，是一件非常性感的事。看到截肢的人拄著拐杖行走，他會感到性慾高漲。他想和截肢的人發生性行為，也會看著他們的照片自慰。

但光是幻想截肢或是跟截肢的人做愛，還無法滿足艾薩克，他也超想變成截肢的人。他拚命尋找願意為他做截肢手術的醫生。ＰＲＵ拒絕了他的請求，沒有為他推薦醫生。最後艾薩克放棄找醫生，他決定自己動手。關於他幫自己截肢的過程，如果你心臟不夠強，可考慮跳過以下兩段。

艾薩克先把一片邊緣銳利的不鏽鋼板插進腿裡，然後用鎚子把鋼板敲進大腿脛骨裡。抽出鋼板後，大腿上留下一個深可見骨的傷口。艾薩克感到相當滿意，不過任務尚未完成。

他把臉上青春痘擠出的濃跟鼻涕攪拌在一起，放入剛才的傷口裡。接著，他靜靜等待，希望這麼做能引發嚴重感染，讓截肢成為必然的結局。渴望的感染出現了，他急忙趕去當地的醫院，希望這次出院時能少一條腿。令他失望的是，他在住院期間治癒了感染，出院時依然雙腿健全。

▼斷手斷腳才覺得人生圓滿

一九七〇年代晚期，研究者發明了一個詞來形容艾薩克的情況：渴望截肢癖（apotemnophilia），這個希臘字可粗略翻譯為「喜愛截肢」。後來又出現身體完整認同障礙症（Body Integrity Identity Disorder，簡稱BIID）這個詞取而代之。BIID最初被視為一種性癖；關於BIID的文字描述，最早出現於一九七二年情色雜誌《閣樓》（*Penthouse*）的讀者來信，他們對截肢懷抱性愛執念。但現在許多神經科學家認為罹患BIID這種疾病，是因為患者無法將手臂或腿腳融入身體基模裡，導致他們強烈認為這隻手或這條腿不屬於自己。有趣的是，研究顯示BIID患者的身體基模與實況不符，可能與頂葉皮質活動異常有關。〔22〕

因此BIID似乎更像是神經系統故障，而不是性癖。但無論是哪一種原因，BIID都可能徹底改變患者的人生。BIID患者對失去手腳的癡迷不僅止於想像，

21 J. Money, R. Jobaris, and G. Furth, "Apotemnophilia: Two cases of self-demand amputation as paraphilia," *The Journal of Sex Research* 13, no. 2 (May 1977): 115–25.

22 P.D. McGeoch, D. Brang, T. Song, R.R. Lee, M. Huang, and V.S. Ramachandran, "Xenomelia: a new right parietal lobe syndrome," *Journal of Neurology, Neurosurgery, and Psychiatry* 82, no. 12 (December 2011): 1314–19.

有些人甚至付諸實行。例如一九九〇年代晚期，蘇格蘭有位外科醫生為兩名男性做了腿部截肢手術，原因是他們迫切渴望變成截肢的人。這位醫生說，兩名患者在手術之前都處於極度痛苦的狀態，術後都對自己的決定感到慶幸，也活得更加心滿意足。〔23〕

然而，BIID患者想找到願意滿足他們截肢渴望的醫生，非常、非常難。沒有專業醫療人員協助，BIID患者只能自己想辦法。有時候，他們因此下場悲慘。

五十一歲的卡爾（Carl）是英國公務員，他剛進入青春期就一直對截肢充滿渴望。《手部手術期刊》（*The Journal of Hand Surgery*）記述了卡爾的案例，並附上我在所有醫學期刊裡看過最恐怖的照片。〔24〕卡爾年紀四十出頭的時候，一條小腿曾經受過輕傷。他覺得機不可失，故意讓傷口感染。這次他如願以償，完成膝上截肢。但是卡爾仍然不滿足——他執意要再切除一條上肢。再次提醒：容易被血腥內容影響的讀者，請跳過以下兩段。

為了實現這個願望，卡爾親自出「手」（是雙關語沒錯）。他先切斷右手小指。這似乎撫慰了他一段時間，因為往後五年多他沒有繼續自殘。直到有一天他重傷左手小指，傷勢嚴重，醫生不得不將之切除。幾年後，他又故意切斷左手無名指。卡爾切掉了這麼多根手指，聽起來雖然殘忍，卻還未滿足他真正的願望：切除一整隻手。

終於，卡爾對這種聚沙成塔的方法感到厭倦，他舉起斧頭直接砍掉左手。他擔心醫生會嘗試把左手接回去，所以用斧頭破壞傷口，斬斷接回左手的可能性。他用一隻彈性襪纏住手臂止血，然後走進醫院請醫生幫他處理傷口，為殘肢做好裝上義肢的準備。醫生別無選擇、只能同意，因為傷到這個地步，想把左手接回去是癡人說夢。手術後，卡爾表示他對截肢結果感到很滿意。他對裝上新義肢充滿期待。

有些BIID患者接受盼望已久的截肢手術後，會覺得很幸福。但有些患者（例如腿部截肢後的卡爾）得到的幸福感很短暫，快樂消退後，渴望再度浮現。例如，有一位BIID患者用乾冰包裹雙腿七小時，導致雙腿嚴重凍傷、復原無望，實踐了截肢願望。諷刺的是，截肢後他居然說，這是他有生以來第一次「感到人生圓滿」。三年過去了，他依然認為這是很棒的決定，直到他認識一個四肢都截肢的人——俗話說：「鄰居的草地比較綠。」這句話奇妙地在此發揮作用——這位新朋友重燃他心中的渴望，這次他想切除左手臂。雖然精神科的治療稍微削弱了他的渴望，但這個念頭並沒有完全消失。〔25〕

23 C. Dyer, "Surgeon amputated healthy legs," *BMJ* 320, no. 7231 (February 2000): 332.

24 E.D. Sorene, C. Heras-Palou, and F.D. Burke, "Self-amputation of a healthy hand: a case of body integrity identity disorder," *The Journal of Hand Surgery: British & European* Volume 31, no. 6 (December 2006): 593–95.

25 B.D. Berger, J.A. Lehrmann, G. Larson, L. Alverno, and C.I. Tsao, "Nonpsychotic, nonparaphilic self-amputation and the internet," *Comprehensive Psychiatry* 46, no. 5 (September–October 2005): 380–83.

• • •

本章介紹的幾種精神障礙看起來雖然奇怪，但放在身體基模的框架裡考慮，就不難理解。身體認知表徵的存在顯然既合乎邏輯，又很實用——是幫助大腦辨認方向的一種巧妙機制。

話雖如此，對我來說身體基模仍是難以理解的概念。感覺上，我的身體認知表徵和我的身體息息相關、密不可分，以至於我很難不認為它們就是同一回事。不過有研究指出，這是一種常見的誤解，藉由神經系統建立的身體表徵如果遭到扭曲，可能也會扭曲我們對身體的知覺。身體表徵的神經科學原理也再次證明了：我們感受到的真實，說不定沒有那麼真實。

CHAPTER 3

執迷不悔
OBSESSIONS

艾莉芙（Elif）跪在醫院檢查室冰冷的磁磚地板上，抱著一個金屬垃圾桶乾嘔。這是她第三次因為想吐而中斷檢查。

她腹部劇烈疼痛，狼狽不堪、臉色蒼白地走進醫院。醫生走進檢查室時，艾莉芙痛到全身蜷縮、緊緊按著肚子，努力抵抗貫穿全身的陣陣噁心感。

她的情況看起來很不妙，但她的生命跡象與初步的檢查結果都很正常。問題是，她的腹痛有增無減。醫生為她安排了電腦斷層掃描（用X光取得身體內部影像的檢查）。沒想到，艾莉芙的病情在這裡來了個大轉彎。

斷層掃描沒有找到醫生預期中的東西，例如腫瘤、腸阻塞、嚴重發炎——以艾莉芙的症狀來說，這些都是常見的原因。雖然斷層掃描沒有找到上述原因，但檢查結果並不正常。斷層掃描顯示，艾莉芙的胃和小腸裡有許多極不尋常的黑色斑塊，應該是她吃進肚子的東西卡在胃腸道黏膜上——正常的食物鮮少造成這種情況。

艾莉芙的醫生很納悶，她詢問艾莉芙最近的飲食習慣。這幾天她有沒有吃什麼奇怪的食物？她有沒有可能誤食了什麼不能吃的東西？一路問下來，艾莉芙愈來愈閃爍其詞。她顯然對飲食相關的問題感到不自在，醫生懷疑她有所隱瞞。

醫生認為問題的根源近在眼前，她繼續追問艾莉芙的日常飲食。終於，艾莉芙說出令人匪夷所思的答案：她嗜吃菸灰。

艾莉芙承認自己每天會吃二到三支香菸的菸灰。但這次入院的前一天她吃得特別兇，大該吃掉十支香菸的菸灰。醫生推斷腸胃道裡的黑色斑塊是累積的菸灰，也是讓艾莉芙痛到進醫院的罪魁禍首。醫生建議艾莉芙去看精神科，她拒絕接受建議，離開了醫院——而且看起來沒有打算戒除這個危險的習慣。[1]

艾莉芙的情況叫做**異食癖**（pica）——一直想吃通常被認為不可食用的東西。異食癖患者嗜吃的東西因人而異，從無害的冰到極度危險的針都有人吃。介於無害和極度危險之間的東西多不勝數，他們都品嘗過，包括多數人覺得平淡無味、一看就不想吃的東西——以及非常噁心的東西。

有個案例屬於比較無害的這一邊，這名患者突然對生馬鈴薯產生強烈渴望，每日飲食都吃上三到五顆。她喜歡吃冰過的馬鈴薯（如果情況緊急，吃室溫的也可以），出門的時候隨身攜帶，保存在裝滿冰水的保溫瓶裡。[2]

1 I. Yurdaisik, "Role of radiology in pica syndrome: a case report," *Eurasian Journal of Critical Care* 3, no. 1 (2021): 33–5.

2 B.E. Johnson and R.L. Stephens, "Geomelophagia. An unusual pica in iron-deficiency anemia," *American Journal of Medicine* 73, no. 6 (December 1982): 931–32.

大部分的人肯定認為這種行為不正常——想像一下在辦公室的茶水間，看見同事從保溫瓶裡拿出幾顆冰過的馬鈴薯直接生吃——當然嗜吃生馬鈴薯或許沒那麼令人震驚，畢竟馬鈴薯是人類常吃的食物。來看看下一個案例：二十九歲的孕婦夏洛蒂（Charlotte）在進入第三孕期後，開始吃燒過的火柴（和其他族群相比，異食癖在孕婦身上較為常見，稍後會討論原因）。不同於吃生馬鈴薯，這可不是個無害的習慣。火柴大多含有不宜攝取的危險物質（例如氯酸鉀），大量攝取有中毒之虞。〔3〕

醫生告訴夏洛蒂，繼續吃燒過的火柴將危害寶寶的健康，可是她就是忍不住。她壓抑不住這股渴望，無論怎麼努力就是做不到。在多次嘗試戒除這個習慣失敗之後，夏洛蒂同意寶寶一足月就引產，盡量降低寶寶接觸危險物質的機會。寶寶出生後有黃疸和一些輕微的併發症，幸運的是治療後恢復良好。〔4〕

有些患者是忍不住吃自己的頭髮。聽起來相對無害，但若是吃個不停可能會造成嚴重問題。頭髮是角蛋白（keratin）這種的堅硬蛋白質組成的，角蛋白可抵抗胃酸的分解能力。因此頭髮不會在胃裡分解，而是慢慢累積在胃皺褶裡——這是折疊的胃組織，覆蓋在胃壁上。頭髮跟黏液與食物混在一起，變成噁心的毛髮團塊。久而久之（假設患者持續吃頭髮），這團東西會黏上更多頭髮。醫學界稱這個毛髮團塊為毛糞石（trichobezoar），但多數人簡稱其為毛球。忍不住吃頭髮的患者，體內的毛球可能會變得超級巨大，影響胃腸功能。

例如有個七歲的女孩因為持續腹痛和拉肚子就醫。磁振造影（ＭＲＩ，也能用來取得身體或大腦內部的詳細影像）的結果顯示，她的胃裡有一個大腫塊，醫生研判這是胃部腫瘤，必須開刀切除。醫生切開女孩的肚子後，發現這塊東西不是腫瘤，而是結構紮實的毛糞石。這顆毛球不但把胃塞滿，還延伸到小腸裡，像一條長長的尾巴。全長約八十公分，重量七九五公克。〔5〕

馬鈴薯、燒過的火柴、頭髮，異食癖患者放進嘴裡的東西千奇百怪，這些只是冰山

3 過去曾有食用氯酸鉀而死亡的案例。例如二十世紀初，有名男子空腹吃掉一整條牙膏（那個年代的牙膏通常含有氯酸鉀），吃進了足以致死的氯酸鉀劑量。他吃牙膏的行為原因不明，紀錄中僅將他描述為「有精神疾病的軍官」。（請見S.A. Ansbacher, "A Case of Poisoning by Potassium Chlorate," *Journal of the American Medical Association* 96, no. 20 (1931):1681.）幸運的是這起中毒事件發生後，牙膏和多數生活用品裡的氯酸鉀已改用更安全的物質。

4 E.O. Bernardo, R.I. Matos, T. Dawood, and S.L. Whiteway, "Maternal cautopyreiophagia as a rare cause of neonatal hemolysis: a case report," *Pediatrics* 135, no. 3 (March 2015): e726–29.

5 C.M. Meier and R. Furtwaengler, "Trichophagia: Rapunzel syndrome in a 7-year-old girl," *The Journal of Pediatrics* 166, no. 2 (February 2015): 497.

一角。除此之外他們還會吃棉球、泥土、氣球、肥皂、衛生紙、樹枝、黏土、石頭、樟腦丸、玻璃、糞便，還有小便斗除臭劑。〔6〕

以上這些異食癖案例中，有幾個算是特別奇怪。但其實異食癖沒有你以為的那麼罕見，至少在某些族群裡並不奇怪。例如，研究發現六歲以下的兒童有二十到三十%會吃異物〔7〕，幼兒本來就是拿到什麼就愛往嘴裡塞，所以這個數字或許不太令人意外。異食癖的盛行率會隨著年齡遞減，但是孕婦和智能障礙者的比例相對偏高；有些統計估算孕婦〔8〕和成年智能障礙者〔9〕的異食癖比例都超過四分之一。

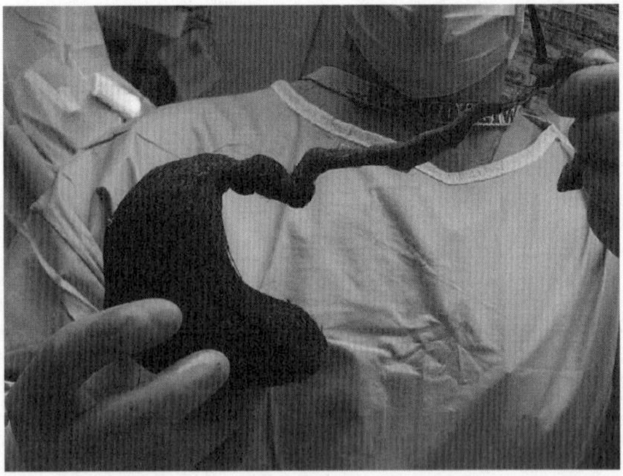

從一個五歲小女孩胃裡取出的毛糞石（毛球），她因為腹痛和嘔吐去掛急診（與前段描述的案例不是同一人）。她的毛球是一個完整的胃部模型，還延伸至小腸。圖片經許可使用。

V. Gonuguntla and D. Joshi, "Rapunzel Syndrome: A comprehensive review of an unusual case of trichobezoar." Clin Med Res 7, no. 3 (2009):99–102.

▼異食癖

研究異食癖的科學家認為有個重要的問題是：為什麼？人到底為什麼早餐不吃培根和雞蛋，要吃樟腦丸？有些研究者認為，異食癖患者會出現這種非比尋常的衝動，是因為營養攝取不足，出於本能想解決這個問題，但搞錯了方向。異食癖與缺鐵性貧血經常伴隨發生，所以有一種假設是：缺乏營養會讓人非常想吃某樣東西，因為大腦以為它是能滿足這種膳食需求的食物。缺乏營養和異食癖之間的關聯，也曾用來解釋為什麼孕期的異食癖盛行率比較高；隨著孕婦的營養需求增加，飲食更有可能缺乏重要營養素。

儘管如此，並沒有證據顯示異食癖和缺乏營養有明確關聯——至少不是所有異食癖

6 E.P. Lacey, "Broadening the perspective of pica: literature review," *Public Health Reports* 105, no. 1 (January–February 1990): 29–35.

7 A.K.C. Leung and K.L. Hon, "Pica: a common condition that is commonly missed: an update review," *Current Pediatrics Reviews* 15, no. 3 (2019): 164–69.

8 E.J. Fawcett, J.M. Fawcett, and D. Mazmanian, "A meta-analysis of the worldwide prevalence of pica during pregnancy and the postpartum period," *International Journal of Gynecology & Obstetrics* 133, no. 3 (June 2016): 277–83.

9 D.E. Danford and A.M. Huber, "Pica among mentally retarded adults," *American Journal of Mental Deficiency* 87, no. 2 (September 1982): 141–46.

案例都是如此。[10]不同的異食癖患者，似乎有不同（甚至是多重）的原因。比如在某些文化裡，異食癖是一種後天學習的行為，幾乎像傳統一樣代代相傳。

在美國南部的某些地方，吃黏土是一種滿有名的習俗。最常見的是吃一種叫做高嶺土的白色粉質黏土，俗稱「白土」（white dirt）。一九七〇年代末期，有一項以密西西比州某郡黑人居民為對象的研究發現（先提一下，這種習俗在白人族群也出現過），五十七%的婦女和十六%的兒童經常吃黏土，平均每天食用五十公克（相當於一條士力架巧克力棒）。母親會給幼兒一小塊黏土讓他們吃著玩，安撫他們的情緒，也把吃黏土的習慣傳承給孩子。[11]雖然這已是四十幾年前的研究，但有更晚近的研究在美國南方的農業地區發現了同樣的習俗。[12]二〇一五年的紀錄片《吃白土》（*Eat White Dirt*）講的正是這個主題，他們採訪了願意公開討論吃黏土嗜好的南方人。有位受訪者在紀錄片中這麼說：「對我來說，美好的一天就是吃一袋白土配一瓶可口可樂……我每天都吃土。」[13]

但有些異食癖患者似乎不是受到缺乏營養或傳統習俗影響。他們說自己就是想吃不是食物的東西，這種衝動在大腦裡自動浮現，漸漸變成難以控制的執念。強烈的執念形成一種強迫作用——難以抗拒、非吃不可的渴望，儘管患者清楚知道這東西吃進肚子裡沒有好處。

十歲男孩哈姆札（Hamza），被轉診到小兒科的時候，吃地毯纖維已長達五年。醫生最初為哈姆札檢查時確實發現他有缺鐵性貧血，但有趣的是，哈姆札補充鐵質、體內鐵濃度恢復到正常範圍後，異食癖仍未消失。哈姆札說他也不想吃地毯纖維，但就是抵擋不了這股強大的衝動。他試著抗拒渴望，直到焦慮累積到不得不爆發時，才終於屈服於渴望，把地毯纖維吃進肚子裡來紓解壓力。

問題是這次吃了地毯纖維，下次內心的衝動會再次浮現——然後再次忍耐到極點，只能靠吃更多地毯纖維來紓解。〔14〕關於哈姆札的掙扎，許多精神科醫師並不陌生，因為他的症狀很像一種常見的精神病：強迫症（OCD）。

10 C. Borgna-Pignatti and S. Zanella, "Pica as a manifestation of iron deficiency," *Expert Review of Hematology* 9, no. 11 (November 2016): 1075–80.

11 D.E. Vermeer and D.A. Frate, "Geophagia in rural Mississippi: environmental and cultural contexts and nutritional implications," *The American Journal of Clinical Nutrition* 32, no. 10 (October 1979): 2129–35.

12 R.K. Grigsby, B.A. Thyer, R.J. Waller, and G.A. Johnston Jr., "Chalk eating in middle Georgia: a culture-bound syndrome of pica?," *Southern Medical Journal* 92, no. 2 (February 1999): 190–92.

13 *Eat White Dirt*. Directed by A. Forrester. Wilson Center for Humanities and Arts, 2015. adamforrester.com/eat-white-dirt.

14 S. Hergüner, I. Ozyildirim, and C. Tanidir, "Is Pica an eating disorder or an obsessive-compulsive spectrum disorder?," *Progress in Neuro-Psychopharmacology and Biological Psychiatry* 32, no. 8 (December 2008): 2010–11.

▼壓抑不了的衝動

有二到三％的人有過強迫症的經驗。[15] 強迫症患者會持續出現趕也趕不走的執念。執念通常會演變成強迫行為，患者感到自己非做這些事不可——通常是為了減輕執念帶來的焦慮與不安。

有些人的強迫行為肉眼可察，例如因為擔心接觸到汙染物而拚命洗手，或是因為害怕火災而反覆檢查瓦斯爐的開關。但有些強迫行為以心理活動為主，例如祈禱、審視過往事件、數數。許多強迫行為與現實之間毫無合乎邏輯的關聯。例如患者可能會不斷開燈、關燈，因為他們認為不這麼做的話，家人就會受到傷害。大部分的強迫症患者都知道自己的想法有多荒謬，可是知道這一點也無法減輕非做不可的渴望。

強迫症一詞已進入日常語彙，通常用來形容做事非常龜毛的人。其實符合醫學定義的強迫症患者感受到的症狀，遠比堅持以特定方式整理書桌更加痛苦，也為生活帶來更多干擾。以十四歲的女孩艾美（Amy）為例，她的強迫症非常嚴重，主要是害怕遭受汙染——這是許多強迫症患者極度關注的事。事實上，有將近五十％的強迫症患者對於接觸泥土、細菌、有毒化學物質之類的東西感到強烈擔憂[16]，只是跟這些東西帶來的實際風險相比，他們的焦慮高得不成比例。艾美的強迫症聚焦於一種汙染：蟯蟲感染。

如果你對蟯蟲稍有認識，應該會同意艾美這麼討厭蟯蟲不無道理。蟯蟲是很小很小、長度一公分左右的白色蠕蟲，住在腸道裡。人類有時會不小心將微小的蟯蟲卵吃進或吸進體內，蟯蟲卵經由消化道進入腸道，最後在腸道內孵化。幾個星期後，孵化的蟯蟲成長為成蟲，然後開始交配。

接下來的過程真的很噁心。雌蟯蟲懷孕並準備產卵時，會耐心等待宿主睡著（至於蟯蟲怎麼知道宿主已入眠，至今仍是個謎，或許這是蟯蟲最令人不安的特徵之一——這樣就夠嚇人了）。宿主入睡後，雌蟯蟲會爬出肛門，在肛門口附近扭動身軀，在皮膚皺褶裡產下成千上萬顆蟲卵（平均超過一萬顆）。蟲卵外殼覆蓋著一種黏性物質，可以幫助蟲卵長時間附著在皮膚上，直到成熟——也就是離開肛門口的時候，已能感染下一名宿主。這種黏性物質的副作用是刺激肛門周圍的皮膚，通常會引發嚴重搔癢。肛門搔癢是蟯蟲感染最常見的症狀；有小蟲蟲在屁眼周邊爬來爬去，也會讓搔癢感有增無減。

15 "Obsessive-Compulsive Disorder," National Institute of Mental Health, accessed May 25, 2022, https://www.nimh.nih.gov/health/statistics/obsessive-compulsive-disorder-ocd.

16 S. Rachman, "Fear of contamination," *Behaviour Research and Therapy* 42, no. 11 (November 2004): 1227–55.

搔癢有利於散播感染，因為人類（主要是小孩）抓肛門止癢時蟲卵會跑到手上、卡在指甲縫裡。他們會無意間把蟲卵轉移到家具、浴室配件、玩具等物品上。接觸到這些東西的人都有機會摸到蟲卵，只要他們把手放進嘴裡，就會不小心把蟲卵吃進肚子裡。還有一種情況——因為蟯蟲卵很小很輕——它們也可能被彈飛到空氣中（例如換床單的時候），使人無意間吸入體內。宿主也有可能再次吃到蟯蟲卵，讓蟯蟲在同一個宿主的身體裡生生不息。〔17〕

重點是，蟯蟲感染並不稀奇——蟯蟲是美國最常見的腸道蠕蟲感染；據估計，美國感染蟯蟲的人口超過十％。〔18〕

光是想到這件事就足以令任何人的皮膚（或肛門）起雞皮疙瘩，而艾美則是把這種焦慮發揮到極致。蟯蟲感染成了她的心魔，占據她的全部心思。她開始出現強迫行為，起初是為了避免感染而一整天反覆洗手——洗到皮膚乾裂、疼痛。

但洗手只是開始。艾美漸漸轉而害怕口腔汙染，這令她不敢張開嘴巴；她曾經長達十個月沒有開口說話。接著，她開始擔心吃東西會不小心吃進蟲卵，所以連續四週拒絕進食。她因為脫水而住院，經過十天的藥物與心理治療，才終於主動開口說話與進食。〔19〕強迫症是難以治癒的慢性疾病，艾美出院後可能得面對長期抗戰。

▼強迫症的神經科學原理

幾十年來，神經科學家試圖了解是什麼因素造成強迫症患者非比尋常的行為。雖然強迫症的神經科學原理尚未釐清，但多數研究者相信，連接前額葉皮質與基底神經節（basal ganglia）結構群的大腦網絡至少是部分原因。

前額葉皮質當然位於靠近大腦前面的地方——事實上，它占據額葉最前端。前額葉皮質的體積在大腦裡數一數二，約占總體積的十二．五%。[20]因此，與它有關的大腦功能相當多。其中最有名的是高等認知功能——也就是讓人類和許多「低等」動物有所區別的功能，包括複雜的決策能力、判斷力、控制衝動、理性思考等等。

在強迫症的表現中，前額葉皮質迴路可能發揮了許多作用，但前額葉皮質的某個部

17 往好處想，蟯蟲感染通常服用成藥就能輕鬆治癒。

18 C.N. Burkhart and C.G. Burkhart, "Assessment of frequency, transmission, and genitourinary complications of enterobiasis (pinworms)," *International Journal of Dermatology* 44, no. 10 (October 2005): 837–40.

19 M.L. Nguyen, M.A. Shapiro MA, and S.J. Welch, "A case of severe adolescent obsessive-compulsive disorder treated with inpatient hospitalization, risperidone and sertraline," *Journal of Behavioral Addictions* 1, no. 2 (June 2012): 78–82.

20 T. McBride, S.E. Arnold, and R.C. Gur, "A comparative volumetric analysis of the prefrontal cortex in human and baboon MRI," *Brain, Behavior and Evolution* 54, no. 3 (September 1999): 159–66.

位——位於眼眶正上方，叫做**眶額皮質**（orbitofrontal cortex）——或許對強迫症的影響特別關鍵。當我們注意到環境裡可能造成危險或威脅的東西時，眶額皮質會變得非常活躍。舉例來說，對汙染感到恐懼的強迫症患者不小心摸到公廁的門把時，額眶皮質的神經元會開始瘋狂放電。

眶額皮質的部分神經元會離開這個區域，延伸至基底神經節〔21〕，這個結構群位在大腦深處、靠近底部的地方，所以才叫做「基底」。基底神經節涵蓋好幾個大腦區域，為了化繁為簡，我會把它們當成同一個結構群來描述，不提及個別腦區。基底神經節的每一個組成部分，各自在大腦裡發揮多種作用，但它們也一起建構一張對運動、認知、情感等大腦功能都至關重要的網絡。與我們的討論最相關的是，科學家認為，基底神經節與大腦啟動目標導向的行為、形成習慣反應，以及在判定行為不可能達成眼前目標時改變做法的能力，都有關係。

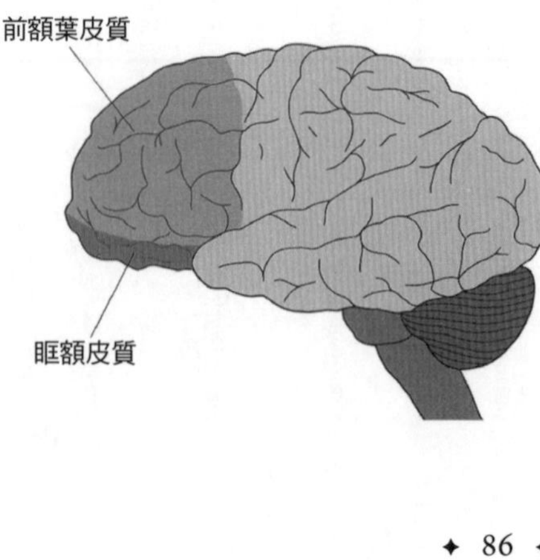

雖然基底神經節的神經迴路很複雜，但通常會被簡化成兩條相反路徑：一條是啟動行為的**直接路徑**（direct pathway），一條是抑制行為的**間接路徑**（indirect pathway）。用這種

方式理解基底神經節迴路，可以把這個機制說明得更簡單易懂，幫助我們理解強迫症患者的大腦裡究竟發生了什麼事。

為了回應（真實的與想像出來的）威脅，眶額皮質的神經元會刺激基底神經節的直接路徑，激發減輕威脅的行為。以剛才摸到公廁門把的強迫症患者來說，減輕威脅的行為可能是洗手，或是使用過量的乾洗手。

健康的人做完減輕威脅的行為之後，基底神經節的間接路徑就會啟動，發揮抑制作用。但是強迫症患者的眶額皮質與基底神經節之間的連結，可能有幾個地方出了錯。首先，眶額皮質以及連接眶額皮質與基底神經節的路徑都極為敏感。這種過度活躍的特性，或許會導致強迫症患者對環境裡被視為威脅的事物過度警覺。比如說，強迫症患者的眶額皮質不僅會在他們摸到公廁門把時變得活躍，在他們碰到任何最近沒有消毒的表面時也一樣——即使那是自己家裡的流理台。

極度警覺與基底神經節的直接路徑過度活躍有關。因為害怕受到汙染，所以啟動基

21 神經節指的是神經元集合而成的結節。其實「神經節」用在這個情境有點不太正確。因為「神經節」通常僅用來描述位於大腦與脊髓之外的神經元。而基底神經節的神經節位在大腦裡，嚴格說來它們不是神經節。更準確的名稱應該是「核」(nuclei)。不過基底神經節是廣為接受也最常使用的名稱，所以本書延用這個說法。

底神經節的直接路徑，激發洗手行為。但是強迫症患者的直接路徑異常活躍，淹沒了間接路徑的抑制作用，所以很難切換另一種行為。可以說，他們陷入習慣的行為迴圈裡——如同跳針的唱片。

這種行為每一次都能暫時減輕威脅感，使他們得到短暫的解脫。問題是，解脫感使情況變得更加複雜，因為它強化了回應（例如洗手），導致大腦把這種行為與正面結果連結。於是，大腦習慣使用相同的回應——一次又一次——幾乎形同成癮。

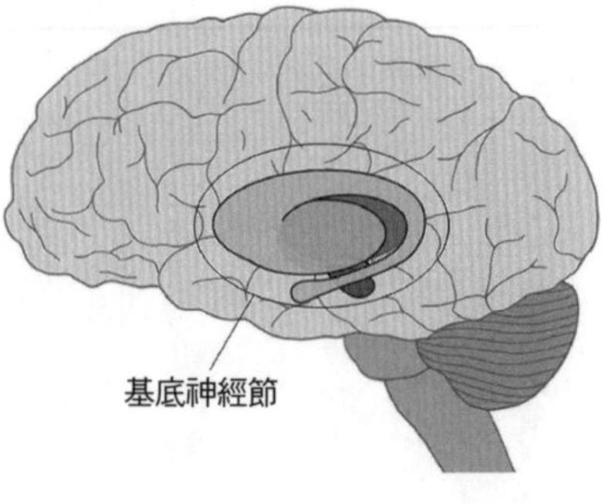

這個強迫症模型在神經科學界頗受歡迎，但與此同時，現代研究者也承認它有過度簡化的疑慮。其中一個問題是眶額皮質並非只有單一反應。強迫症患者的眶額皮質裡有些區域過度活躍，有些則不太活躍。此外還有研究發現，大腦的其他區域（例如杏仁核——稍後將有討論）也在強迫症的症狀表現上扮演重要角色，也就是說，上述模型不夠全面。最後，強迫症患者的大腦活動，似乎在某種程度上取決於患者本身、患者的年齡與症狀特徵。儘管如此，有許多神經科學家相信，想要解釋強迫症的行為異常，就必須檢視連結眶額皮質與基底神經節之間的路徑。

執念與強迫行為不是強迫症的專利——它們也是好幾種精神障礙的核心特徵，因此有些科學家認為強迫行為是一個「光譜」，包含強迫症與其他病症。例如，有人認為咬指甲（咬甲癖〔onychophagia〕）也在這個光譜上；還有人認為竊盜癖（kleptomania）、拔毛癖（trichotillomania）、性慾亢進等行為也應納入這個光譜。不過在這個光譜上，有一種特殊的強迫行為特別引人關注，甚至因此催生出一檔熱門電視節目。

▼囤積症

《囤積者》（*Hoarders*）系列節目於二〇〇九年首播時，囤積症已經是一種有紀錄可查的現象。囤積症一直被認為是強迫症的症狀之一，到二〇一三年才獨立出來、自成一類。二〇一三年，美國醫療與心理健康專業人士使用的診斷指南《精神疾病診斷與統計手冊》第五版（DSM-V），將囤積症歸類為「強迫症與相關精神障礙」底下的一種獨立疾患。

當一個人每次要丟掉東西都極為困難——儘管那些東西幾乎或完全沒有價值——就可診斷為囤積症。許多患者（多達九十五%）也有強迫收集物品的習慣[22]——有的是花錢購買，有的是到處拿贈品。他們囤積的東西包羅萬象，例如壞掉的家具、垃圾、寵物等等。隨著囤積的物品日積月累，患者的生活空間漸漸變得雜亂，甚至骯髒到不適合居住。看過《囤積者》的觀眾都知道，囤積症的情況可以多麼誇張——甚至足以致命。

傑西．賈斯頓（Jesse Gaston）與席瑪（Thelma）結婚時，兩人還沒有囤積症——至少沒有嚴重到旁人看得出來的程度。賈斯頓夫婦婚後不久曾邀請親友到家裡玩，根據親友的記憶，當時沒有不尋常的跡象。但一年一年過去，這對夫妻愈來愈不願意讓別人踏進家門。他們會在門口接待訪客，最後甚至只在院子裡接待。

賈斯頓夫婦不肯讓訪客進門是有原因的。他們家累積的舊郵件、衣物、垃圾等雜物，已從地板堆疊到天花板，每一個房間都是如此。漸漸地，連院子裡都開始出現垃圾堆。鄰居對賈斯頓夫婦非常包容——這時他們都已年過七十——不過當垃圾滿到溢出他們家時，鄰居忍不住怨聲載道。然後，賈斯頓夫婦消失了。

他們好幾個星期不見人影。門口的郵件愈堆愈高，傑西的汽車擋風玻璃上夾滿停車罰單。似乎不太對勁，憂心的鄰居決定報警。警察過來確認賈斯頓夫婦的情況，沒人應門——但屋內散發一股惡臭。警察認為有必要進屋一探究竟。當然，他們最擔心的是這對夫妻已經死在家裡，惡臭來自他們腐爛的屍體。

警察破門而入，發現每個房間的垃圾與雜物都已堆積如山，想在屋內移動必須翻越垃圾山——還得在垃圾堆裡跋涉。他們知道，只有挖開垃圾才能找到賈斯頓夫婦的屍體。幸好他們找到賈斯頓夫婦的時候，兩人一息尚存——就埋在他們製造的垃圾底下。原來是席瑪被倒下的垃圾壓住，傑西試著把她拉出來，結果自己也被困住。

他們困在垃圾堆裡整整三週。老鼠顯然沒有放過這個好機會，把他們當成美味的點心，因為他們獲救時身上都有老鼠咬的傷口。六週後傑西死於癌症——這場痛苦的慘劇有可能加速了他死去。席瑪因為身體太過虛弱，沒有出席傑西的葬禮。〔23〕

▼養了兩百隻貓的愛貓人士？

前面提過，有些囤積症患者囤積的是動物，而不是物品。此類情況也常常演變成惡夢；動物多到飼主照顧不來，牠們經常受到忽略、營養不良、疾病纏身。動物的屎尿汙染了房子，公權力介入時經常在屋內發現腐爛的動物屍體。囤積症患者囤積的動物通常

22 R.O. Frost, D.F. Tolin, G. Steketee, K.E. Fitch, and A. Selbo-Bruns, "Excessive acquisition in hoarding," *Journal of Anxiety Disorders* 23, no. 5 (June 2009): 632–39.

是一般的寵物，例如貓或狗。

有個案例是，一名女性在大約二．二公尺乘以約三．三公尺的露營拖車裡，養了九十二隻貓——每隻貓的生活空間不到〇．〇三坪。動物管制單位帶走這些貓時，大多數的貓都「滿身屎尿」、營養不良、瘦削虛弱，身上爬滿跳蚤，而且生了病。有些貓四肢殘缺，有些眼睛失明。拖車主人聲稱自己養貓是為了救貓，不然牠們會被抓去安樂死。〔24〕

另一個案例發生在阿拉斯加州的安克拉治（Anchorage），鄰居抱怨某幢房子散發惡臭，找來動物管制單位。其中一位執法人員說，他一踏進房子就被貓尿的氣味「灼傷喉嚨」。地板上到處是垃圾與糞便，房子裡約有一百八十至兩百隻貓。一眼望去到處是貓，連天花板上也有。〔25〕

囤積症患者囤積的動物當然不限於貓狗。格蘭．布瑞特納（Glen Brittner）在妻子過世後開始養老鼠。一開始只養三隻，但老鼠逃出籠子，躲進格蘭家的牆壁裡。和所有老鼠一樣，牠們開始交配生出更多老鼠——數量不斷增加。碰到這種情況，大部分的屋主會考慮打電話給滅鼠公司，但格蘭卻欣然接納持續茁壯的老鼠大軍成為室友。他常常餵老鼠吃東西（通常只是把食物扔在地上，老鼠會快速地一擁而上）、喝水，任由牠們在家裡繁殖。

久而久之，格蘭的房子成了老鼠屋。老鼠住在牆壁裡、櫥櫃裡和床墊裡。牠們無所不咬。格蘭被迫睡在屋外的工具棚裡，因為老鼠會趁他睡著時拔他的頭髮去築巢。有時候，老鼠還會為了獲取水分，在他睡覺的時候舔拭他的眼睛跟嘴唇。人道動物協會（Humane Society）從他家帶走的老鼠超過兩千隻，但後來他發現仍有三百五十隻住在他家的牆壁裡。〔26〕

▼囤積症患者的大腦

我們尚未完全確定，囤積症患者與沒有囤積症的強迫症患者，兩者的大腦有什麼不一樣，但是有幾個已知的特徵會造成囤積的症狀。例如囤積症患者通常極度優柔寡斷，

23 K. Mack, "Alone and buried by possessions," *Chicago Tribune*, August 10, 2010, https://www.chicagotribune.com/news/ct-xpm-2010-08-10-ct-met-hoarders-0811-20100810-story.html.

24 "People v. Suzanna Savedra Youngblood," Animal Legal & Historical Center, accessed May 30, 2022, https://www.animallaw.info/case/people-v-youngblood.

25 "Kyrstal R. Allen, Appellant, v. Municipality of Anchorage, Appellee," Animal Legal & Historical Center, accessed May 30, 2022, https://www.animallaw.info/case/allen-v-municipality-anchorage.

選擇丟棄物品對他們來說格外困難。這不是單純的猶豫不決，這種決策障礙似乎反映出他們沒辦法正常處理資訊。也就是說，他們的認知能力有缺陷，而這些認知能力是有效率的決策不可或缺的。

囤積症患者也經常表現出其他方面的認知問題，例如很難做計畫與解決問題，多達五分之一的囤積症患者，有符合診斷標準的注意力不足過動症（ADHD）。[27]最糟糕的是，他們對自己的囤積行為缺乏意識，這意味著囤積症患者真的沒有發現自己的行為有什麼不對——沒有囤積症的人或許很難理解這一點。有項囤積症研究發現，患者要等到症狀出現至少十年，才會意識到自己有囤積行為。[28]

針對囤積症患者大腦功能的研究發現，他們有好幾個大腦區域出現異常活動——如同前面討論過的強迫症患者，許多囤積症患者的前額葉皮質都有異常活動。這種異常活動通常會在患者進行決策或控制衝動之類的任務時發生，研究者推測，它可能會使患者對物品（或動物）產生不當的依附感。[29]

前額葉皮質受過傷才出現囤積行為的患者，可做為上述推測的證據。例如有個年近五十的男性在手術切除腦瘤後，開始收集家用電器——電視、吸塵器、冰箱、洗衣機等。他家客廳堆放了三十五台電視，客廳放不下了，就放到其他房間。等到家裡實在沒地方擺，又把電視塞進通風管道。妻子勸他去看醫生，了解一下他為什麼會出現不尋常的舉動，腦成像顯示他的前額葉皮質有損傷——可能是腫瘤與手術留下的。〔30〕

雖然有證據支持前額葉皮質會影響囤積行為，但相關的神經生物學研究仍在萌芽階段。神經科學家希望能在未來的幾十年裡，繼續探究囤積症患者的大腦為什麼與典型的強迫症患者不一樣，這項資訊或許能為治療指引方向，因為囤積症會讓日常生活陷入混亂、骯髒——甚至陷入危險。

26 T.E. Morrissey, "*Hoarders*: Man Lives with Thousands of Uncaged Pet Rats," Jezebel, January 11, 2011, https://jezebel.com/hoarders-man-lives-with-thousands-of-uncaged-pet-rats-5730682.

27 D.F. Tolin and A. Villavicencio, "Inattention, but not OCD, predicts the core features of hoarding disorder," *Behaviour Research and Therapy* 49, no. 2 (February 2011): 120–25.

28 J.R. Grisham, R.O. Frost, G. Steketee, H.J. Kim, and S. Hood, "Age of onset of compulsive hoarding," *Journal of Anxiety Disorders* 20, no. 5 (2006): 675–86.

29 C.M. Hough, T.L. Luks, K. Lai, O. Vigil, S. Guillory, A. Nongpiur, S.M. Fekri, et al., "Comparison of brain activation patterns during executive function tasks in hoarding disorder and non-hoarding OCD," *Psychiatry Research: Neuroimaging* 255 (September 2016): 50–9.

30 E. Volle, R. Beato, R. Levy, and B. Dubois, "Forced collectionism after orbitofrontal damage," *Neurology* 58, no. 3 (February 2002): 488–90.

•••

執念與強迫行為使我們看見，失去對大腦的掌控有多麼容易發生。有執念和強迫行為的精神障礙患者表示，腦中的想法苦苦折磨著他們，迫使他們去做各種行為，以至於令人厭惡、不受歡迎，嚴重的話甚至會造成傷痛。這些念頭和行為都是不請自來而且有害的；彷彿有個邪惡的挑釁者住在患者的大腦裡，如同心懷惡意的傀儡師一般，操縱患者的行為。或許有一天，神經科學研究能為強迫症提供足夠的線索，幫助患者奪回思想與生命的掌控權。

接下來，我們要換換口味。前面三章，我們的討論集中在大腦功能異常造成的精神障礙。有沒有大腦「出錯」反而使大腦功能變好的情況呢？聽起來不太可能，就好像腳受傷反而跑得更快。其實，有些異常的大腦發展——甚至是大腦損傷——可以解鎖隱藏天賦，使你擁有即便用最專精的練習方法也學不會的高階功能。這些案例使我們對人類大腦的真實潛能充滿好奇。

CHAPTER 4

出類拔萃

EXCEPTIONALISM

金姆．彼克（Kim Peek）小時候是不被看好的醜小鴨。出生於一九五一年的他，一生下來頭就很大，大到脖子無力支撐，而且還有腦膨出（encephalocele），也就是顱骨發育不全導致大腦的一部分跑到頭骨外面，突出一塊——腦組織可能會因此扭轉、曲折、受傷。金姆的腦膨出是一個棒球大小的囊狀腫塊。這種情況足以致命，即使活下來，也極有可能面臨長期的智能與／或肢體障礙。

金姆九個月大時，存活的希望愈來愈大，但已經可以看出嬰兒時期的併發症將留下長期影響。有位特別缺乏同理心的醫生告訴他的父母他是「智障」，並建議他們把金姆送去照護機構，這樣他們才能「好好過日子」。〔1〕在醫學界對病人普遍冷漠的那個年代，金姆被視為治癒無望。沒想到，他發展出有史以來記錄在案的一些頂尖的智能。

雖然金姆的腦膨出在他三歲左右自動消散，卻留下相當程度的腦傷，這導致他的身體發育明顯遲緩。他一直到四歲才會走路。在那之前，金姆一直是拖著那顆笨重的大頭在地上爬來爬去。即使學會走路，他走起路來仍是顫顫巍巍、姿態笨拙，到十四歲才學會上下樓梯。金姆終其一生都沒辦法做精細動作，刷牙、扣襯衫釦子、梳頭等日常任務都需要協助。

他的智力與社交能力發展也不正常。他成年後的智商是八十七，低於平均值，智力測驗裡有幾個大題的分數落在智能障礙的範圍內。〔2〕他極度內向，成年後過了很久才敢直視別人的眼睛。與此同時他也有過動症狀，很難克制不適宜的社會行為。他上過小學一年級，但是只撐了十分鐘，原因是他說話說個不停（通常是自言自語），老師不得不請他離開。

雖然金姆在許多方面發育異常，但父母很早就注意到他也有過人之處。金姆三歲的時候曾問父親法蘭「confidential」（機密）這個單字是什麼意思。法蘭用開玩笑的口吻叫他自己去查字典，豈料他真的爬到法蘭的書桌旁，想辦法站起來，完全靠自己翻字典查到字義。〔3〕金姆的爸媽沒教過他閱讀，也沒教過他字母順序，他會查字典表示這兩種能力他都具備。

到了六歲，金姆已展現驚人的記憶力。凡是他看過的書，只要告訴他頁碼，他就能把那一頁的內容一字不漏念出來。此外，他還背下一套百科全書的完整索引。

金姆一天一天長大，已全部看完手邊能閱讀的東西——從傳記到地圖集——而且記

1 F. Peek, *The Real Rain Man: Kim Peek* (Utah: Harkness Publishing Consultants, 1996), 7.
2 D.A. Treffert and D.D. Christensen, "Inside the Mind of a Savant," *Scientific American* 293, no. 6 (December 2005): 108–13.
3 F. Peek, *The Real Rain Man: Kim Peek*, 9.

住了大部分內容。他對數字很著迷，有時候翻看電話簿只是為了多記住幾組電話號碼。他的身體與認知能力依然發展遲緩，但獨特的記憶力和算術能力卻蒸蒸日上。他還練就了驚人的速讀技巧，八到十秒就能看完一頁，而且邊看邊記住書頁上的所有資訊。他甚至可以（分別使用左眼和右眼）同時閱讀並理解一本書的左右兩頁。

金姆活到五十八歲，二〇〇九年過世的時候，已經讀過——並記得——一萬兩千多本書。他涉獵的知識非常廣博，涵括各種主題，例如美國歷史、地理、文學、古典音樂、體育、電影等等。他記得美國所有的電話區域碼，也記得美國與加拿大的重要郵遞區號。他還特別擅長計算日期；只要給他一個日期，他不但能說出那天是星期幾（通常在一秒之內），還能說出其他細節，例如那天是不是重大節日。

儘管如此，在任何神經科醫師眼中，金姆的大腦異常都可能會妨礙（而不是增強）認知表現。例如他的大腦沒有胼胝體——大腦結構裡最大的神經纖維束。胼胝體是左腦半球與右腦半球之間的重要溝通管道。（第十一章介紹胼胝體受傷的患者時，將有進一步討論。）

雖然罕見，但有些孩子天生就沒有、或缺少部分胼胝體。這種情況叫做胼胝體發育不全，症狀五花八門。有些患者有發展遲緩、癲癇、智力缺陷等問題，或是視覺障礙或聽覺障礙。有些患者看起來完全沒問題，沒有跡象顯示他們缺少人類大腦裡最主要的神經路徑。

這對神經科學家來說是一大難題。他們很難解釋為什麼同一種重要的大腦結構受到損傷，有些患者因此身弱體衰，有些患者卻幾乎沒有症狀。像金姆這樣的案例更加令人費解，為什麼缺少胼胝體會跟如此卓越的能力有關。

有人說，金姆的大腦不得不在兩個腦半球之間建立新的溝通路徑，替代缺失的胼胝體。或許這些替代路徑，正是金姆的大腦能以如此特殊的方式運作的原因。另一種可能性是，胼胝體存在與否，對金姆的認知能力幾乎沒有影響，他本來就天賦異稟，大腦結構異常只是巧合。

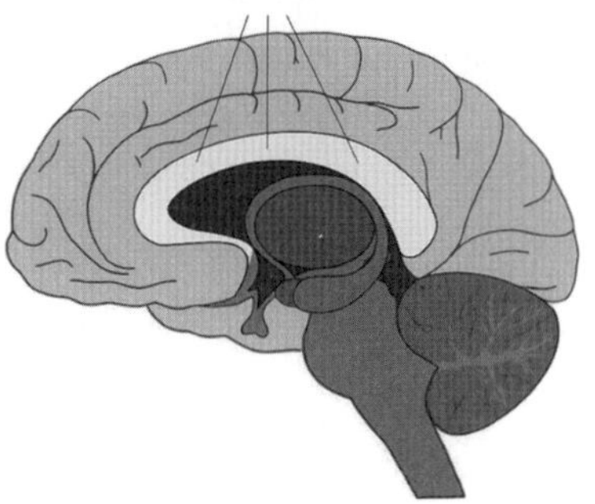

老實說，我們可能永遠不會知道答案。因為金姆的能力實在太厲害（也因為他已經不在人世），即使我們想要判斷他的能力從何而來，也面臨著諸多限制。神經科學家想要研究特殊能力（例如金姆的能力）的時候，通常會找到一群擁有類似能力的人，用神經成像技術檢查他們的大腦——神經成像可提供活人大腦在結構與功能方面的細節。科學家會比較受試者的大腦與沒有類似能力的人的大腦，找出受試者大腦的共同之處。舉例來說，如果擁有這些特殊能力的人全都胼胝體發育不全，就意味著想要發展出金姆的特殊能力，這種結構異常是重要因素。

但金姆是獨一無二的案例。在缺少胼胝體的患者之中，只有他展現出如此超凡的能力。由於他的能力在其他患者身上並不顯著，這表示他在發展這些能力的過程中，必定也有其他神經系統異常。金姆確實還有其他幾種大腦異常，但似乎都無法完全解釋他的特殊能力。

▼從異常到不凡

金姆．彼克這類患者被稱作學者（savant），這個法語單字的意思是「知識淵博的人」。在醫學情境裡，學者指的是在特定領域能力非凡或天賦超群，但是在其他領域能力不足的人——通常是因為發育障礙、腦傷或腦部疾病。最早在醫學情境裡使用這個詞的人是蘭登．唐恩醫生（J. Langdon Down），時間是一八〇〇年代（唐恩醫生是描述唐氏症的第一人，這也是他最有名的事蹟）。

有趣的是，學者展現的能力可以分為以下幾類：音樂（例如音準極佳、鋼琴演奏技巧驚人等）、藝術、計算日期、數學（例如快速計算）、機械與空間能力（例如精準估算距離、直覺的方向感很準確等）。此外，無論學者擁有哪種特殊能力，他們通常都具備出色的記憶力。

考慮到他們身負殘疾，這些能力更加令人驚嘆。有些患者甚至被稱為天才學者（prodigious savant），他們展現的能力堪稱天才，即使放在身心健康的人身上也很不可思議。金姆就是一例，他絕對是天才學者。

發生在學者身上的情況被稱為學者症候群（savant syndrome），這突顯出大腦仍有許多我們尚未理解的地方。儘管人類在神經科學領域已有長足進步，但我們對於金姆身上這種堪稱神奇的能力，為什麼會出現、出現在什麼樣的人身上，幾乎一無所知，更不用說他還是個有重度障礙的人。

關於學者症候群的原因，當然也有人提出種種假設。雖然只是初步假設，但是有愈來愈豐富的大腦研究，為這些假設提供立論基礎。令人驚訝的是，大部分的假設都認為，學者症候群患者的能力來自壓抑——而不是增強——普通的大腦功能。

▼照單全收的大腦

高效管理大量湧入的感覺資訊是大腦的強項。大腦過濾掉它認為不重要的資訊——大部分資訊都被擋在意識的門外——我們無須把每一個感覺刺激都當成全新的刺激重新評估，大腦會利用過往經驗對我們正在感知的事物做出假設。比如說，當你走在人行道上看見遠方有個大大的、長方形的東西很快的在路上移動。不用等它靠近到能讓你看清上面所有細節，大腦就已拿出長方型物體在路上移動的概念知識，判斷這東西可能是一輛汽車。它早早就把標籤貼好，而且幾乎不會貼錯。

大腦利用概念與標籤來理解世界，這種作法有其獨到的優勢。例如，這能加快你評估周遭情況的速度，也能透過分類來加速學習。但與此同時，利用過往建立的概念來預測現況並非萬無一失。我們對事物的看法會因此深受過往經驗影響，進而有可能誤解或忽視新的刺激。

可是，如果大腦不將它接收到的資訊分類並貼上標籤，會發生什麼事呢？也就是說，若有更多原始感覺數據，大腦都無差別全部接收，會怎麼樣？一開始，這些資訊大舉襲來可能讓人招架不住，使人對新資訊極度敏感，進而妨礙正常的認知功能。

不過，得到更多周遭環境的細節，或許有助於得到其他人平常看不到的觀點。比如說，因為接收到更多資訊，所以對細節有更詳盡的感受，事後能以繪畫重現原景。又或者可以在大腦不分類資訊的情況下，專注於個別元素——說不定能因此提升博聞強記的能力。這或許也能增加創意，因為人類大腦習慣透過成見標籤的限制來看世界，這似乎會約束創意。

因此，有些研究者相信，學者的大腦對資訊照單全收，沒必要分類、貼標籤。他們有機會接觸更多原始數據，並享受隨之而來的好處。這種觀點認為，學者大腦與普通大腦的關鍵差異，是學者大腦裡建立概念與類別、並加以運用的區域比較不活躍。

研究顯示，大腦裡有個地方對分類與建立概念來說很重要，它位於左腦半球，具體的位置是顳葉前端。因此科學家推測，只要抑制這個區域的活動，或許就能誘發學者症候群所表現出的能力。

前顳葉與學者症候群之間的潛在關聯性，使研究者躍躍欲試，他們用一種叫經顱磁刺激（transcranial magnetic stimulation，簡稱TMS）的方法去抑制前顳葉的活動，試圖誘發學者般的特殊能力。TMS裝置會產生磁場，磁場穿透頭皮，在大腦裡製造短暫的電流。這種電流和電擊的電流不一樣，可以短暫影響神經元的活動，進而改變大腦功能。雖然

TMS的效果並不持久，但這項技術已展現治療方面的潛力，例如治療憂鬱症、偏頭痛、強迫症等等。

TMS在研究裡的常見用途是，暫時阻斷大腦某個部位的活動，藉此觀察這樣會對個人感受或行為有何影響。如果以特定方式阻斷某個大腦區域的功能會影響受試者的行為，即可合理推測這個腦區對研究者想要觀察的行為（包括有無該行為）扮演重要角色。

研究者找來不曾展現過學者能力的受試者，用TMS刺激他們的左前顳葉後，看到了有趣的結果。有些受試者繪畫技巧變好[4]、能找出寫作範文裡的小錯誤[5]、能快速算出圖片裡的物品數量[6]，還能建立正確的記憶。[7]

我應該說明的是，這些研究並未發現驚人的變化。雖然如前段所述，許多受試者的能力有所提升，卻沒有人發展出學者般的特殊能力。話雖如此，受試者身上的變化，已經足夠讓研究者大膽假設：每個人的大腦或許都具備學者潛力，等待著被釋放。不過，關於人類具備學者潛力這件事，還有一個更具說服力的證據——腦傷之後突然出現的學者症候群。

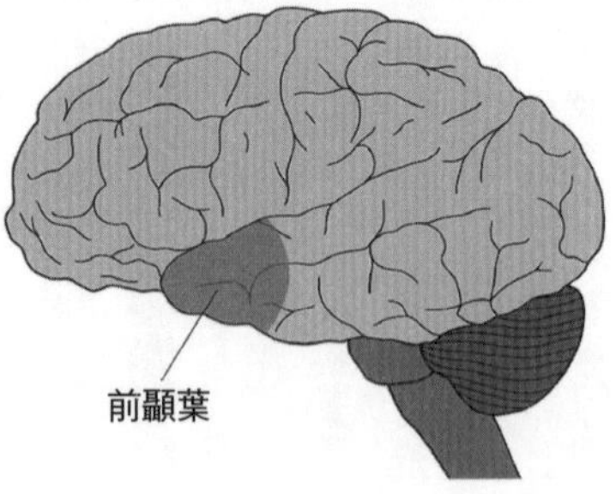

▼意外得到的才能

二〇〇六年，年近四十的德瑞克·阿馬托（Derek Amato）生活尚未穩定下來。過去二十幾年來，他開過高壓沖洗公司、賣過車、為非營利機構提供過公關服務、教過空手道、當過郵差，還做過其他工作。又一次離職之後，德瑞克（和許多對人生感到茫然的人一樣）決定回家鄉探訪親友。

德瑞克回到南達科塔州的蘇瀑市（Sioux Falls）探望母親。他待在蘇瀑市期間跟幾個老朋友碰了面，他們一起游泳和烤肉。這場聚會結束的時候，德瑞克的人生將發生天翻地覆的改變。

德瑞克跟朋友在泳池畔玩拋接橄欖球，他要朋友在他跳入泳池的瞬間傳球給他。於

4 A.W. Snyder, E. Mulcahy, J.L. Taylor, D.J. Mitchell, P. Sachdev, and S.C. Gandevia, "Savant-like skills exposed in normal people by suppressing the left fronto-temporal lobe," *Journal of Integrative Neuroscience* 2, no. 2 (December 2003): 149-58.

5 Ibid.

6 A. Snyder, H. Bahramali, T. Hawker, and D.J. Mitchell, "Savant-like numerosity skills revealed in normal people by magnetic pulses," *Perception* 35, no. 6 (2006): 837-45.

7 J. Gallate, R. Chi, S. Ellwood, and A. Snyder, "Reducing false memories by magnetic pulse stimulation," *Neuroscience Letters* 449, no. 3 (January 2009): 151-54.

是德瑞克縱身一躍，人在半空的時候朋友向他拋球。德瑞克帥氣接球，可惜他算錯了泳池淺水區的深度。他落水的時候，頭部撞擊池底。

德瑞克雙手抱頭、鑽出水面，沒辦法靠自己的力量爬出泳池。朋友跟他說話，但他什麼也聽不見。他立刻意識到自己傷得不輕。

醫生告訴德瑞克這是嚴重腦震盪，有可能長期失聰。但失聰不是唯一的長期影響。從那時候開始，德瑞克經常頭痛欲裂、有記憶問題，而且極度畏光。不過他也獲得一種新才能，連最厲害的醫生也料想不到，腦傷竟會造成這樣的結果。

意外發生後又過了幾天，德瑞克開車回科羅拉多州之前，順道去朋友里克（Rick）家道別。他在跟里克聊天時，注意到客廳的角落有一台小型電子琴，他不由自主被這台電子琴吸引。他沒學過鋼琴（以前也對彈鋼琴毫無興趣），卻突然對彈鋼琴產生了難以抗拒的渴望。

德瑞克打開電源、開始彈奏，這時神奇的事情發生了。他的手指在琴鍵上流暢彈奏，宛如專業鋼琴家。他當場創作一首新曲，過去他從未學過的和弦與音符交織成悅耳的旋律。他一口氣彈了六小時。里克驚訝不已。里克說：「我不敢相信他彈得這麼好，我簡直嚇傻了。」〔8〕

那一天，德瑞克找到真正的天命——雖然這是腦傷強加在他身上的天命。他要把人生奉獻給音樂。

在那之後，德瑞克以鋼琴家的身分巡迴全國，舉行獨奏和伴奏表演。他錄製了兩張專輯，不但上過《今日秀》（*The Today Show*），還曾在全國公共廣播電台（NPR）與多個媒體平台演出。德瑞克不再活得渾渾噩噩，這個新的才能幫助他找到人生目標：他是充滿表演熱情的音樂家，因為他認為音樂是上帝賜予的天賦。

▼後天學者症後群

德瑞克的情況叫後天學者症候群，描述突然擁有特殊能力的情況——通常是發生在腦傷或生病之後。後天學者症候群極為罕見，迄今只有三十幾個案例（未納入紀錄的案例數量不詳）。〔9〕但每一個案例都與德瑞克一樣令人驚嘆。

8 T. Rehagen, "Uncharted Waters," *Southwest Magazine*, October 2016, 56-77.

9 D.A. Treffert and D.L. Rebedew, "The savant syndrome registry: a preliminary report," *WMJ* 114, no. 4 (August 2015): 158–62.

傑森・帕吉特（Jason Padgett）就是這樣的案例，他原本在一家賣日式床墊的家具店上班，生活是「泡妞、狂歡、喝酒，宿醉醒來後繼續出去泡妞、混夜店」。〔10〕傑森不是你印象中天賦異稟的那種人。他高三念了兩次才畢業，就讀社區大學也半途而廢。

二〇〇二年九月，傑森在一家卡拉ＯＫ酒吧門口遭到搶匪襲擊，造成嚴重腦震盪。然後，他對人生的輕重緩急與觀點突然變得不一樣。

一開始，是感知改變。他發現周圍的世界都變成了像素顆粒，無論流動的水或是陽光，他能在萬事萬物中看見線條與形狀。他開始花很多時間畫碎形圖案（fractals，重複圖案構成的複雜幾何圖像）。可是對傑森來說，這些畫不只是畫——而是將數學和物理學裡的複雜關係變成圖像。他很快就完成了一千多幅碎形畫與其他精細的數學主題畫作。

這種結構化、機械式的嶄新觀點，使傑森對數學和物理產生濃厚興趣，原因無他，因為這兩門學科的思維，與他現在對世界的理解方式最為相近。傑森很快就開始思考複雜的問題，例如怎麼定義時空的本質。他發現自己對複雜的數學原理有一種直覺式的了解，有些人甚至認為他是數學天才。

奧蘭多・瑟雷爾（Orlando Serrell）原本是個普通的十歲男孩，直到一九七九年他打棒球的時候，一顆棒球擊中他的頭。他被球擊中後倒在地上，但很快又站起來繼續比賽。

雖然後來經常頭痛，可是他沒有去看醫生。不久之後，他發現自從被棒球打到頭，他只要聽到日期就能馬上知道那天是星期幾。也就是說，只要告訴他：「一九八五年九月二十五日」，他就能立刻回答你：「星期三」。

奧蘭多說算日期這件事，他甚至連想都不用想；答案會自動浮現腦海。意外發生後，他對日常事件的記憶變得異常準確。他記得頭受傷之後每一天的天氣，也清楚記得自己在那之後的許多天裡做了什麼。只要給他日期，這些細節就會在他的腦海中清晰呈現。

有些後天學者症候群是在中風、失智、腦部手術或其他腦部刺激後出現的。但過去十年來，科學家發現，大腦受傷不是激發學者能力無中生有的先決條件。腦部未曾受到刺激或傷害的後天學者症候群案例，目前已記錄到十幾例。〔11〕這些患者的學者能力憑空出現——不但他們自己驚訝不已，身邊的人也嘖嘖稱奇。研究者稱他們為意外的學者（sudden savants）。

二〇一六年十二月，蜜雪兒・費蘭（Michelle Felan）半夜醒來後，突然抗拒不了想要

10 S. Keating, "The Violent Attack that Turned a Man into a Maths Genius," BBC, July 8, 2020, https://www.bbc.com/future/article/20190411-the-violent-attack-that-turned-a-man-into-a-maths-genius.

11 D.A. Treffert, "The sudden savant: a new form of extraordinary abilities," *WMJ* 120, no. 1 (April 2021): 69–73.

畫畫的衝動。在這之前，四十三歲的她對藝術毫無興趣，也從未接受過藝術訓練。但那天晚上她徹夜未眠，她說：「有一種非畫不可的渴望，而且這份強烈的渴望持續了足足三天。」〔12〕她在三個月內完成的十五件藝術作品——至少以我業餘的眼光看來——很像出自專業藝術家之手。現在她每天花八小時創作藝術，有人認為她的藝術風格類似芙烈達・卡蘿（Frieda Kahlo）與畢卡索。〔13〕

學者症候群似乎沒有明確的規則可循。現有的證據很少，不過它們顯示，它可能在沒有突發狀況的情形下，隨時發生在任何人身上。或許最一致的基本主題是，學者症候群的表現也很像強迫行為。患者經常覺得自己必須創作藝術、計算、記住事實等等，因為有一股抗拒不了的力量驅使著他們。

• • •

學者症候群非常罕見，很難進行相關的神經科學研究。若要得到明確的結論，神經科學家必須檢視大量的患者大腦尋找共通性。但由於案例實在太少，很多大腦研究只使用一位受試者。雖然也能獲得很多資訊，但這麼做除了找出個別受試者的大腦有哪些奇特之處，對於了解學者症候群的神經科學原理，其實幫助有限。

因此，無論是先天還是後天的學者症候群，我們能歸納出的結論都很少。但如同這本書裡討論的許多病症，學者症候群使我們對大腦和人類經驗的本質產生疑問。如果學者的特殊能力可在頭部受傷後（或是沒有任何明顯原因）突然出現，這是否意味著我們每個人都有這些潛在能力，只是需要適當的時機？人類的潛能，是否遠遠超乎我們目前的想像？

未來的學者症候群研究，或許能為這些問題找到答案。然而，在我們還沒有解答出這些問題之前，實在很難宣稱我們已深刻理解大腦如何運作。

12 D.A. Treffert, "Brain Gain: A Person Can Instantly Blossom into a Savant—and No One Knows Why," *Scientific American*, July 25, 2018, https://blogs.scientificamerican.com/observations/brain-gain-a-person-can-instantly-blossom-into-a-savant-and-no-one-knows-why/.

13 Ibid.

蜜雪兒・費蘭的作品《馬雅人》（*The Mayan*）。經作者同意轉載。

CHAPTER 5

談情說愛

INTIMACY

艾莉卡・艾菲爾（Erika Eiffel）曾是世界射擊冠軍。她在二〇〇〇年代早期加入美國國家射箭代表隊，是世界排名前幾名的複合弓選手。豈料，一段戀情成了她射箭生涯的絆腳石。

二〇〇四年艾莉卡開始談戀愛的時候，親友都覺得她在浪費才華，因為她追求的對象對她的感情沒有一絲回應。毫無疑問，艾莉卡的這段戀情確實是單戀。她不斷討好撒嬌，可惜沒人看過她戀慕的對象回應任何情感。

事實上，對方不可能表達情感，因為它是沒有生命的建物。艾莉卡愛上的對象是艾菲爾鐵塔。

是的，你沒看錯。艾莉卡愛上了這座位於戰神廣場、以鍛鐵打造、高度三百多公尺的知名地標。這不是一時激情。二〇〇七年，艾莉卡・拉布瑞（Erika LaBrie）在婚禮上向艾菲爾鐵塔獻上永恆的承諾，並且改名為艾莉卡・艾菲爾。雖然這場婚姻不被法律和習俗承認，但是在艾莉卡眼中，這似乎是最適合她向這座高塔表示忠貞不二的慶祝方式。

這不是艾莉卡第一次跟非生物談戀愛。她曾經與一把叫做蘭斯（Lance）的弓談了很久的戀愛；她說這段戀情是推動她在射箭運動更上一層樓的動力。在這之前，她曾因為迷戀一把日本武士刀，而被美國空軍學校退學。

不過艾莉卡與艾菲爾鐵塔的婚姻沒有走到最後——她認為最大的禍首是媒體和輿論的殘酷本質。二〇〇八年，《嫁給艾菲爾鐵塔》（*Married to the Eiffel Tower*）這部英國紀錄片上映後，艾莉卡的感情狀態備受關注。雖然她同意參與拍攝，但她認為最終播出的版本過度聚焦在她和鐵塔的性愛上。在那之後，艾莉卡說她每次造訪這座巴黎地標時，都有工作人員與遊客盯著她看。傷心欲絕的她決定慧劍斬情絲。不過，她在舊愛的懷中找到慰藉：她曾與（現在已幾乎找不到殘骸的）柏林圍牆戀愛長達二十年。

▼愛上無生物

艾莉卡認為自己是物性戀者（objectum sexual，這種性取向也叫 objectophilia），這個詞形容一個人對無生命的物體表現出愛意、情感或性愛方面的興趣。物性戀很罕見，全球僅有數十人宣稱自己是物性戀者。他們愛上的對象形形色色。艾莉卡愛上的是著名地標，其他物性戀者的戀愛對象包括：汽車、遊樂園裡的遊樂設施、電玩角色、希臘神祇的雕像、印有動漫人物的等身抱枕、籬笆、電子音板、充氣娃娃等等。

人類對物性戀的了解少得可憐。事實上，這個主題在醫學文獻裡幾乎不見蹤跡，只有非常、非常少的研究曾經提及。有人認為物性戀是一種性變態，但物性戀者認為這只是一種性取向，物性戀與異性戀、同性戀沒兩樣——這是他們無法控制的事。

有些專業人士同意這種看法，並將物性戀歸類為一種罕見的性取向。〔1〕若以此為考量，把物性戀當成精神障礙來討論似乎並不恰當，如同我們不該把其他性取向也當成精神障礙。話雖如此，物性戀者看待愛情與吸引力的角度顯然與眾不同。物性戀者的大腦為什麼如此特殊，科學家目前的了解極其有限，但他們已找到一些或許有助於解釋物性戀的線索。

其中一條線索是：很多物性戀者都宣稱自己碰到一種叫做**聯覺**（synthesthesia）的現象。聯覺指的是，一種感覺不由自主誘發另一種感覺的感知經驗。常見的聯覺是聽見聲音會聯想到特定色彩。例如小喇叭的聲音聽起來是紅色，悅耳的長笛顯然與藍色有關。有些聯覺人甚至聽見音調就會真的看見顏色。

聯覺有很多種類型。聲音與顏色的聯覺叫做**聲色聯覺**（chromesthesia）；另一種常見的聯覺叫**字位—色彩聯覺**（grapheme-color synthesthesia），指的是他們看見的字母、數字或單字都會自帶特定顏色（例如M可能是藍色，A則是紅色）。還有一種叫做**字位—人格化聯覺**（grapheme-personification synthesthesia），意思是他們看見的顏色也與字母、數字或單詞的「人格」有關。例如A似乎暴躁易怒，所以才會跟紅色聯想在一起（即使是沒有聯覺的人，也經常認為紅色與憤怒有關）。

聯覺也可能包括其他感覺。例如有些人的味覺似乎與特定詞彙息息相關——這種情況叫做**詞彙—味道聯覺**（lexical-gustatory synthesthesia）。英國人詹姆斯・瓦納頓（James Wannerton）就有這種聯覺，他與人交談時都會無法自控地被各種味道淹沒。他以前在酒館工作時，經常必須找零錢給客人，這時會有加工乳酪的味道向他襲來。詹姆斯說有個叫德瑞克（Derek）的常客每次都會誘發耳屎的味道〔2〕，聽到這句話，我不禁好奇詹姆斯為什麼知道耳屎是什麼味道（我願意羞恥地承認我聞過耳屎，但我可不認為我嘗過）。

有一項物性戀的研究發現，物性戀者感受到聯覺的頻率高於其他人。〔3〕除了前面提過的幾種常見的聯覺類型，物性戀者也更有可能感受到**物體—人格化聯覺**（object-personification synesthesia），也就是大腦自動賦予無生命的物體人格特質。當然，物性戀者

1 J. Simner, J.E.A. Hughes, and N. Sagiv, "Objectum sexuality: a sexual orientation linked with autism and synaesthesia," *Scientific Reports* 9, no. 1 (December 2019): 19874.

2 *Horizon*, "Derek Tastes of Earwax." *Daily Motion*, 48:54. September 30, 2004. https://www.dailymotion.com/video/x1olkn1.

3 J. Simner, J.E.A. Hughes, and N. Sagiv, "Objectum sexuality," 19874.

的大腦會這麼做似乎相當合理。他們說不定從小就習慣將人格與物體聯想在一起，所以才覺得自己和物體社交互動並沒有那麼難。

不過，大部分有物體—人格化聯覺的人並未對物體產生戀愛的感覺。物性戀者的大腦裡必定發生了別的事情，才使他們對物體投入浪漫的關愛，而不是對人類。這種機制到底是什麼，至今依然是個謎。

▼戀物癖同溫層聊什麼？

其實，對性愛關係裡不常出現的東西產生性慾，這種情況不算少見。我們通常稱之為戀物癖（fetish）。〔4〕

我們很難確定戀物癖到底有多普遍，因為人們通常不會願意透露自己最私密的性愛習慣。二〇〇七年，有一項研究想要了解戀物癖有多普遍，它用的方法是：觀察特定戀物癖在網路群組裡成為討論焦點的頻率（他們觀察的是雅虎群組），希望藉此避開受試者不好意思回答性愛癖好問題的情況。〔5〕這項研究發現，特殊性愛癖好種類繁多，願意在網路上公開討論的人也不少（通常是匿名）。研究者搜尋群組名稱或描述裡含有

「fetish」（戀物癖）一詞的雅虎群組，結果找到二千九百三十八個，成員超過十五萬人〔6〕（比較一下關鍵字改成「basketball」，找到的群組有三千四百七十一個）。

這些群組裡討論的眾多戀物癖之中，最常見的是戀足癖（podophilia），也就是對腳有性愛癖好。其他討論性愛癖好的群組裡，常見的身體部位還包括嘴唇、腿、臀部、乳房、生殖器等等。也有討論指甲、鼻子、耳朵、牙齒的群組，不過數量較少。

有些群組的討論主題是引發情色聯想的衣物，例如絲襪、裙子、內衣。但也有討論手銬、夾克、甚至尿布的群組。有個群組專門討論聽診器有多性感，這個群組居然有九百三十三個成員。喜歡助聽器的群組有一五〇人。有二十八個人覺得導尿管讓人性慾高漲，所以決定加入導尿管戀物癖群組。有些群組迷戀的東西不僅古怪，甚至會引發反感——至少在性愛的情境裡是如此。例如討論體味的群組有八十二個成員。在光譜最噁心

4 在醫學上，戀物癖通常只用來描述這樣的癖好對個人造成障礙或痛苦。但日常對話也會用這個詞來形容不尋常或特別強烈的性愛癖好。

5 C. Scorolli, S. Ghirlanda, M. Enquist, S. Zattoni, and E.A. Jannini, "Relative prevalence of different fetishes," *International Journal of Impotence Research* 19, no. 4 (July–August 2007): 432–37.

6 這個數字或許高於實際人數，因為有些人可能會加入多個戀物相關群組。不過根據研究者估算，這項研究的受試者人數很可能「數以萬計」。

的另一端（當然噁心與否顯然因人而異），有八千三百六十七人加入對體液與排泄物有性愛癖好的群組，包括尿液、血液、黏液與糞便。

▼戀物癖的神經生物學原理

沒人知道戀物癖是如何形成的。多年來，科學家提出許多假設；有些假設很合理，有些不太合理。一九二〇年代，佛洛伊德為戀物癖提出最知名——可能也是最奇怪的解釋。〔7〕佛洛伊德認為，男孩發現母親沒有陰莖而心靈受創（他認為有戀物癖的人以男性為主），於是以戀物癖嘗試處理這種創傷經驗。佛洛伊德說發現這個事實帶來極大的痛苦，因為男孩會因此擔憂自己的陰莖也會被切斷（可能會由父親動手切斷，以懲罰男孩對母親有性慾）。

佛洛伊德假設，男孩為了處理這種創傷，把自己對母親生殖器的興趣轉移到其他東西上。新的性慾對象，或許和他在得知母親沒有陰莖之前給他留下深刻印象的東西有關，腳（他可能是在仰視時看見母親的陰部）、腿、內衣等等都很常見。他迷戀的東西或許能以健康的方式疏導他對母親的性慾，進而防止他被父親閹割。

佛洛伊德確實對於了解大腦的運作厥功甚偉，但是從現代的角度來說，他的某些觀點有點粗糙；許多心理學家並不認同他對戀物癖的看法。儘管如此，現在還是滿流行用童年經驗來解釋戀物癖。

有一種觀點是：在生命的早期，如果有某樣東西在令人難忘的性經驗裡發揮了作用，那麼在接下來的年歲，大腦就會將這樣東西與性滿足之間，建立起心理連結。這段長期記憶可能就是戀物癖的建構基礎。

曾有研究者嘗試以實驗複製這個過程，結果還算成功。例如，一九九九年有一項實驗，試圖「訓練」一小群男性對一個零錢罐產生性慾〔8〕——你沒看錯，是零錢罐。科學家之所以選擇零錢罐，應該是因為不太可能有人把它當成性幻想對象。在這篇已發表的論文中，科學家用一種裝置來測量受試者的興奮程度，他們稱之為A型陰莖測量儀（Type A penis gauge）。或許是我的幽默感太幼稚，但我只要想到不苟言笑的學術研究者，尷尬

7 S. Freud, "Fetishism," trans. J. Strachey, in *The Complete Psychological Works of Sigmund Freud* (London: Hogarth and the Institute of Psychoanalysis, 1976), 147–57.

8 J.J. Plaud and J.R. Martini, "The respondent conditioning of male sexual arousal," *Behavior Modification* 23, no. 2 (February 1999): 254–68.

地要求助理為受試者接上A型陰莖測量儀，總是忍不住想笑。

像A型陰莖測量儀這樣的裝置，較常見的名稱是體積描記儀（plethysmograph），通常會使用有彈性的金屬綁帶來綁在陰莖的莖上頭。綁帶連接到一台紀錄儀，這台儀器會記錄陰莖粗細的周長變化（科學術語叫做陰莖膨脹），也就是有多少血液流入陰莖。血液流入陰莖會造成勃起，因此陰莖膨脹是性慾受到激發的指標。請記住──說不定你將在個人生活或專業領域與它邂逅──A型陰莖測量儀測量的是一個人的性慾高漲程度。

受試者是九名男性，都是在北達科塔州大學修心理學的大學生；他們參加實驗可以賺到一學分和二十美元酬勞──考慮到實驗後可能會對零錢罐產生性慾的心理焦慮，這點補償應該不太夠。

研究者接上A型陰莖測量儀，接著向受試者交錯展示裸體美女的照片與零錢罐的照片。接受幾次色情照片搭配零錢罐照片的實驗之後，受試者只要看見零錢罐的照片，陰莖腫脹（性慾激發）的程度就會顯著上升。也就是說，受試者已經「學會」被毫不性感的東西激發性慾，因為它和幾張色情照片有關。這個實驗告訴我們，人類的性愛腦有多原始，但它或許也能幫助我們了解戀物癖，因為戀物癖說不定是以相同的方式誕生──深刻的記憶把原本跟性慾無關的東西，與性經驗連繫在一起。

雖然實驗結果很有趣，卻也留下許多疑問。例如，實驗沒有告訴我們，這些後天學會的關聯性會持續多久。如果我們認為戀物癖可能源自生命早期建立的關聯性，這個問題就至關重要，但目前還沒有研究充分探索過這個問題。此外，許多有戀物癖的人，無法清楚記得到底是什麼事情，使他們將癖好和愉快經驗連繫在一起。這當然有可能是記憶力不好，但也有可能是因為他們的戀物癖牽涉到其他因素。

有些研究者，例如知名神經科學家拉瑪錢德朗（V.S. Ramachandran），已將目光放在其他因素上。拉瑪錢德朗認為，戀物癖的形成與神經生物學機制有關。例如，他認為戀足癖形成的可能原因，是初級體覺皮質出了錯（第二章討論過初級體覺皮質，這個腦區負責處理身體傳來的觸覺）。

拉瑪錢德朗的假設，奠基於初級體覺皮質的一個結構特徵：它的不同區域會從不同的身體部位接收資訊。事實上，我們可以依照接收的資訊來自哪些身體部位，把初級體覺皮質像地圖一樣，劃分成不同區域。當你摸臉的時候，初級體覺皮質的特定區域會變得活躍；摸腿的時候，活躍的是另一個區域，以此類推。

拉瑪錢德朗針對戀足癖提出的假設來自觀察，他發現初級體覺皮質裡負責接收腳部觸覺資訊的區域，緊鄰接收生殖器觸覺資訊的區域。因此，神經發育的早期階段只要路

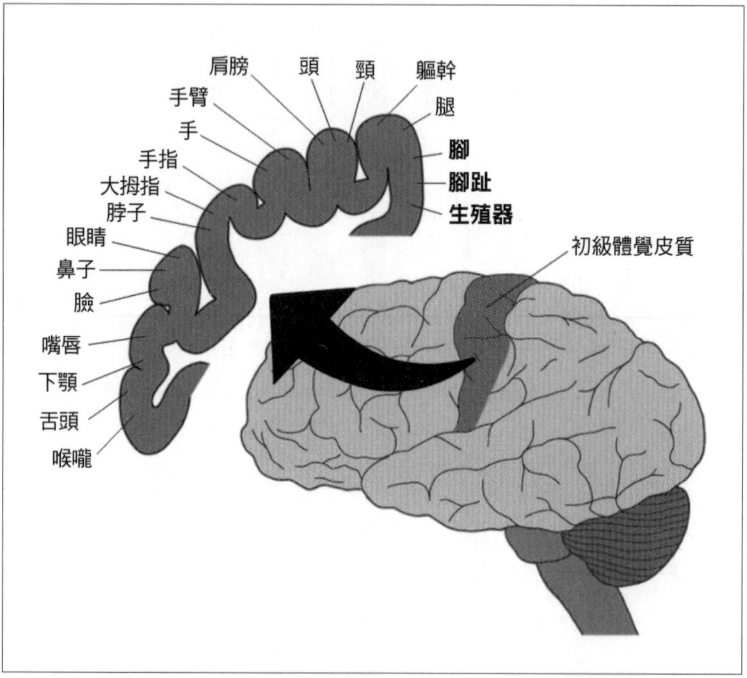

這個粗略的圖片標示出：初級體覺皮質的不同區域，分別處理哪些身體部位的觸覺資訊。可以看到，負責腳、腳趾和生殖器的區域彼此相鄰。

徑稍微出了差錯，就有可能導致腳部受到觸覺刺激的時候，初級體覺皮質的生殖器資訊接收區也同步受到刺激——或許正好是以激發性慾的方式。拉瑪錢德朗認為，這個小差錯可能會使大腦把腳與性連繫在一起。〔9〕

以神經生物學觀點解釋戀物癖是有原因的，有些案例的戀物行為，曾隨著大腦的改變而出現或消失——這意味著戀物癖的源頭與神經系統有關。有個案例是一名三十八歲的男子亨利（Henry），他迷戀的是安全別針。據他描述，他只要盯著安全別針看，就會感受到「比性行為更強烈的」愉悅感。〔10〕

亨利愛上安全別針時年紀還很小。從小到大，他經常會找個私密的地方躲起來（例如浴室），凝視一枚安全別針——對，只是看而已。不過，亨利小時候凝視安全別針時，也開始出現癲癇症狀。

請注意，不是所有癲癇都和你想像的那種一樣。多數人想像的癲癇是倒在地上、失去意識，肌肉反覆收縮導致身體劇烈抽搐。這樣的症狀叫做**強直陣攣發作**（tonic-clonic

9 V.S. Ramachandran, "Phantom limbs, neglect syndromes, repressed memories, and Freudian psychology," *International Review of Neurobiology*, 37 (1994): 291–333.

10 W. Mitchell, M.A. Falconer, and D. Hill, "Epilepsy with fetishism relieved by temporal lobectomy," *Lancet* 267, no. 6839 (September 1954): 626–30.

seizure），過去叫做大發作（grand mal）。其他類型的癲癇發作症狀不一，包括發呆、僅身體某部位的肌肉收縮，或是神智不清等等。

亨利的情況是當他凝視安全別針、目光漸漸呆滯時，癲癇就會發作。這時他會不由自主低鳴出聲，然後嘴唇做出吸吮的動作。最後幾分鐘他會動也不動，毫無反應。癲癇來得突然，也戛然而止，結束後他會意識模糊一陣子。有一篇已發表的論文提到，亨利有時在癲癇結束之後會穿妻子的洋裝，但這篇論文沒有提供相關說明。〔11〕

亨利的癲癇似乎與安全別針引發的強烈情感有關（他每次發作前，都正在凝視或想像安全別針）。儘管如此，他依然堅定的愛慕安全別針——每週會癲癇發作也在所不惜。醫生最後決定，腦部手術或許是亨利唯一的選擇，因為其他方法都控制不了他的癲癇發作。他們用一種監測腦電活動的儀器，判斷亨利的癲癇源自顳葉的某個區域。他們開刀切除了那個區域，希望亨利能從此擺脫癲癇。

亨利動過手術後，確實不再癲癇發作了。令人驚訝的是，他也不再迷戀安全別針。術後一年回診追蹤時，亨利告訴醫生，他已經不會渴望深情的凝望著安全別針，還對老婆重新燃起興趣。我想他老婆應該會很高興，不過，想到婚後老公大部分的時間都是安全別針第一、老婆第二，很多女性應該會充滿怨氣才是。

亨利的案例當然很奇特，但它也確實讓我們看到，至少有些戀物癖可在異常的大腦活動裡找到答案。如果改變大腦就會改變行為，行為必定一開始就受到大腦影響。雖然戀物癖的研究非常稀少，但只要我們擴大視野，把各種不尋常的性行為也納入考量，會有更多例子能幫助我們追溯行為源頭的神經迴路。

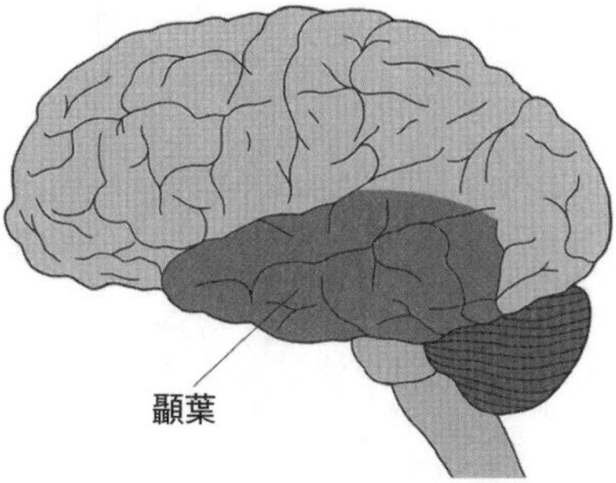

▼形形色色的性愛癖好

戀物癖是**性慾倒錯**（paraphilia）的一種類型，性慾倒錯是指性愛癖好異常。問題是，性慾倒錯的種類非常多。有些人畜無害，甚至相當普遍、為大眾所接受。例如迷戀女性的乳房的**戀乳癖**（mazophilia）；還有**戀跨性別女性癖**（gynandromorphophilia），也就是特別喜歡跨性別女性。**戀樹癖**（dendrophilia）則是對樹產生性慾。另外還有**戀蟻癖**（formicophilia），根據性行為研究者約翰・曼尼（John Money）與拉特寧・德瓦拉札（Ratnin

11 Ibid.

Dewaraja）的描述，這是一種對「蝸牛、青蛙、螞蟻或其他昆蟲在身上（尤其是在生殖器、肛門周圍或乳頭上）爬行或嚙咬」產生性慾的性慾倒錯。〔12〕如果你有這種癖好，絕對不敢在第一次約會時告訴對方。

戀哺乳癖（lactophilia）是迷戀哺餵母乳，**戀絨毛玩偶癖**（plushophilia）是對絨毛玩偶有性慾方面的執著。有**戀黏液癖**的人（mucophile）覺得黏液特別誘人，至於有**戀屁癖**的人（eproctophile）……我就不拐彎抹角了……迷戀的是屁。要是你覺得這幾種癖好不夠噁心，**戀沾血衛生棉癖**（hematigolagnia）是對血淋淋的衛生棉充滿性慾的一種癖好。〔13〕諸如此類的性癖數也數不盡——真的超多——對那些不會對禁忌物品產生性慾的人來說，這些性癖實在匪夷所思。

不幸的是，有些性慾倒錯會牽扯到並未同意的對象，所以這些人從「無害的怪人」變成「有侵犯性的潛在罪犯」。例如**戀童癖**（pedophilia），這是對年紀未達青春期的兒童有「性趣」的精神障礙——應該也是最容易引發群情激憤的性慾倒錯。可能演變成非法行為且令人髮指的性慾倒錯還有很多。例如**戀獸癖**（zoophilia）是對動物有性慾，極端的情況會演變成獸交，也就是人類與動物發生性行為（回想一下第二章和貓咪打情罵俏的大衛）。熱愛屍體的**戀屍癖**（necrophilia）雖然罕見，卻也並非都市傳說。世上確實有戀屍癖（人數不明，畢竟這不是多數人願意開誠布公的癖好）。有些人只是幻想與屍體做愛，有些人則會付諸實行。有個醫學資料庫很多人使用，搜尋戀屍癖之後找到二十幾篇已發表的論文。這些論文裡的案例描述，讀起來比史蒂芬・金（Stephen King）的小說更恐怖，細節非常驚悚，恕我無法在此轉述。如果你偏好毛骨悚然的故事，可根據注釋找到資料來源。〔14〕〔15〕

▼大腦變化與性慾倒錯

科學界通常會將性慾倒錯的癖好與性慾倒錯本身區別開來，前者是指具有不尋常的性慾，後者是指必須實際去迎合這樣的慾望，才能得到性滿足。如果性慾倒錯對本人造

12 R. Dwaraja and J. Money, "Transcultural sexology: formicophilia, a newly named paraphilia in a young Buddhist male," *Journal of Sex & Marital Therapy* 12, no. 2 (1986): 139–45.

13 L. Shaffer and J. Penn, "A Comprehensive Paraphilia Classification System,"in *Sex Crimes and Paraphilia*, ed. E.W. Hickey (Upper Saddle River, New Jersey: Pearson/Prentice Hall, 2006), 69–93.

14 S.S. Boureghda, W. Retz, F. Philipp-Wiegmann, and M. Rösler, "A case report of necrophilia—a psychopathological view," *Journal of Forensic and Legal Medicine* 18, no. 6 (August 201): 280–84.

15 E. Ehrlich, M.A. Rothschild, F. Pluisch, and V. Schneider, "An extreme case of necrophilia," *Legal Medicine (Tokyo)* 2, no. 4 (December 2000): 224–26.

成巨大痛苦，或是傷害了其他人，就可歸類為性慾倒錯障礙（paraphilic disorder）。

性慾倒錯的癖好相當普遍。有一項調查詢問了一千多名男女受試者，將近半數（四五・六％）承認自己有性慾倒錯的癖好，例如偷窺癖、戀物癖、露體癖等等。〔16〕但是說到性慾倒錯的實際行為，發生率突然驟減。在這項調查中，只有大約三分之一的受試者曾經實際參與性慾倒錯的性行為。

性慾倒錯癖好的盛行率欠缺堅實的研究，原因應該不難猜：樂於公開談論這些事的人並不多。同理，性慾倒錯障礙發生率的可靠證據只會更少。我們可以確定性慾倒錯障礙比性慾倒錯癖好更罕見，但很難知道具體的數字。

此外，討論性慾倒錯的神經生物學原理，有可能吃力不討好，因為你一定會遭受批判——原因很多。例如其中一個合理的批判是：試圖找出性慾倒錯背後的異常腦電活動，或許會加深此類癖好全都屬於病態的想法，而不是接受某些癖好可能是人類性行為裡的正常表現。之所以會出現這種批判，是因為醫療機構長期譴責任何非異性戀和不「正常」的性行為，許多人認為這種譴責是基於過時的清教徒價值觀。事實上，一九七〇年代仍有許多精神科專家認為同性戀是病，美國精神醫學會（American Psychiatric Association，簡稱APA）直到一九七三年，才將同性戀從精神障礙列表中刪除。〔17〕

因此有人說，像APA這樣的團體，依然過度強調只有以繁殖為目標的性行為才是健康的性行為。有些人基於同樣的觀點提出，只要是不會傷害他人的性癖和性行為，都不應該被視為異常（至於會造成傷害的與未經對方同意的性行為，當然仍應視為病態）。同理，把無害的性慾倒錯視為與疾病有關，這類討論也走錯了方向。

我不反對這種觀點，但有些性慾倒錯癖好確實相當罕見，這一點難以忽視。因此了解這些案例的大腦運作為什麼如此特殊，（我認為）有其價值。不過需要強調的是，腦功能的差異不等於疾病，非典型的性愛癖好也可以是完全健康的性慾表現——前提是雙方同意，且不會傷害他人。

性慾倒錯的神經科學討論也引發擔憂，因為有人認為，把對他人造成傷害的性行為（例如戀童癖）歸因於神經生物學異常，或許暗示將此類性衝動付諸實踐的人不需要為自己的罪行負責。比如說，如果戀童癖辯稱自己的戀童行為是腦瘤所導致，是否就無須為戀童行為負責？這是值得以哲學角度深入討論的問題，但我的想法是，了解戀童癖的

16 C.C. Joyal and J. Carpentier, "The prevalence of paraphilic interests and behaviors in the general population: a provincial survey," *The Journal of Sex Research* 54, no. 2 (February 2017): 161–71.

17 J. Drescher, "Out of DSM: Depathologizing Homosexuality," *Behavioral Sciences (Basel)* 5, no. 4 (December 2015): 565–75.

大腦為什麼會提高戀童行為發生的可能性，並不能讓犯罪的戀童癖免除罪責。即便有人因為大腦活動異常而產生戀童癖好，在將癖好化為行動之前仍須經過無數個決定，而這些決定——根據今日世界對個人行為應如何究責的觀念——確實與道德責任因素有關。

話雖如此，性慾倒錯與大腦活動存在著明顯的關聯。只要看看帕金森氏症這個常見的神經疾病，就能找到大量的例子。帕金森氏症的特徵是神經元凋零與死亡，這個過程叫**神經退化**（neurodegeneration）。帕金森氏症的神經元死亡，對大腦裡和運動有關的區域造成顯著影響，所以患者的症狀包括：顫抖、動作緩慢且極度費力、肢體僵硬、姿勢異常等等。

患者特別缺少一種叫多巴胺的神經傳導物質（神經元用來互相溝通的化學物質），原因是大腦裡製造多巴胺的區域，因為神經退化而遭到嚴重破壞。隨著多巴胺減少，帕金森氏症的症狀愈發惡化，多巴胺不足和運動相關問題之間，顯然存在著強烈的關聯。因此醫生經常給患者開立提高多巴胺濃度的藥，這種藥物能暫時改善症狀。〔18〕

補充多巴胺的藥物有時會引發奇怪的副作用，這與多巴胺活性增強有關。之所以會出現這些問題，是因為多巴胺在行為動機和尋求快感上扮演重要角色。相關細節尚未可知，但重點是多巴胺與增強動機、驅使我們追求大腦認為愉快的事物息息相關。當然，這意味著對成癮與其他控制衝動的精神障礙來說，多巴胺也是關鍵因素。

帕金森氏症患者服用補充多巴胺的藥物之後，有時會陷入陶陶然的興奮感——尤其是劑量剛增加的時候。他們也可能表現出不尋常和不像自己的行為，例如嗜賭、暴飲暴食、瘋狂購物，以及——與本章主題最相關的——對性愛異常執迷。這些副作用統稱為多巴胺失調症候群（dopamine dysregulation syndrome，簡稱DDS）。

有個DDS案例是七十四歲的吉姆（Jim），他已經罹患帕金森氏症二十年。吉姆也有服用多巴胺補充藥物來控制症狀，二十年來行為從未出現任何異常。可是在醫生加大劑量之後，吉姆開始展現一些令人驚訝的性傾向。

他變得滿腦子都是性愛。他經常勃起，就算親朋好友在場也大方展示、毫不遮掩。他一天會想跟妻子做愛數次，如果妻子拒絕，他會暴跳如雷。後來他還在十五歲的孫女來訪時，向孫女求歡。上述行為已經夠駭人聽聞了，但還有更誇張的：妻子撞見他想跟家裡的狗做愛。〔19〕

18 我用了「暫時」是因為這些治療無法一勞永逸。它們可以減輕症狀（有時效用可持續數年），但隨著病情日益惡化，藥物總有開始失去效用的一天。當藥物開始失效，醫生通常會增加劑量，問題是這會帶來副作用。久而久之，副作用對患者生活造成的負面影響，將與症狀本身不相上下，使得藥物不再是可行的治療選項。

大部分服用多巴胺的患者並不會出現DDS，不過還是有少數患者會碰到——尤其是劑量增加或剛開始治療的時候。隨之而來的異常性行為包括（但不限於）露體癖、施虐受虐癖、戀獸癖、戀童癖、戀物癖等等。〔20〕

大腦的化學物質或功能受到破壞之後，性癖發生劇烈變化的情況，並非帕金森氏症患者的專利。四十歲的老師雅各（Jacob）就是一例，他結婚兩年，生活一直很穩定，豈料一切突然急轉直下。雅各承認自己一直很愛看色情內容，但他說除此之外，他的性愛癖好沒有奇特之處（認識他的人也支持他的說法）。

可是就在結婚兩年之後，雅各開始沉迷性愛。除了開始召妓，他對色情內容的興趣也演變成執念。不幸的是，他喜歡的色情內容也延伸到兒童。

雅各先是收集兒童色情內容，後來也開始對年紀未達青春期的繼女下手，把新的性愛癖好付諸實行。繼女把這件事告訴媽媽，這才揭發了雅各收集的兒童色情內容。雅各因為兒童色情內容與猥褻罪遭到逮捕，並且被趕出家門。

判刑的前一晚，雅各因為頭痛欲裂被送進醫院。入院後他說自己頭暈目眩、難以保持平衡，因此醫生幫他做了神經檢查。做檢查的時候，雅各多次向女性醫療人員提出性愛要求，醫生認為這種行為是不尋常的「性慾亢進」（hypersexual behavior）。

醫生用磁振造影檢查雅各的大腦，在他的前額葉皮質發現一大顆腫瘤。他們判斷這顆腫瘤可以安全切除，所以為雅各安排了手術。

腫瘤切除之後，雅各的性愛癖好忽然恢復正常。法院的判決寬大得令人意外，雅各可以透過完成匿名的性癮療程取代入獄服刑。手術後七個月，他被判定不會再對繼女造成威脅，獲准搬回家。

真是皆大歡喜的結局，對吧？但是還有個小插曲。手術後大約一年，雅各又開始經常頭痛，想要收集色情內容的衝動再次湧現。為了處理這些症狀，雅各回去看神經科，醫生再次為他做磁振造影檢查，發現腫瘤復發。他又一次接受手術、切除殘餘的腫瘤。第二次手術之後，雅各的性慾倒錯衝動隨之消失。〔21〕

雅各並非個例。因為腦瘤、創傷或疾病而產生新的性癖，這種案例在科學文獻裡多

19 F.J. Jiménez-Jiménez, Y. Sayed, M.A. García-Soldevilla, and B. Barcenilla, "Possible zoophilia associated with dopaminergic therapy in Parkinson disease," *Annals of Pharmacotherapy* 36, no. 7-8 (July-August 2002): 1178–79.

20 A.H. Evans and A.J. Lees, "Dopamine dysregulation syndrome in Parkinson's disease," *Current Opinion in Neurology* 17, no. 4 (August 2004): 393–98.

21 J.M. Burns and R.H. Swerdlow, "Right orbitofrontal tumor with pedophilia symptom and constructional apraxia sign," *Archives of Neurology* 60, no. 3 (March 2003): 437–40.

不勝數。有時候，新的性癖似乎與他們原本的性格截然不同。

你當然可以說，這些衝動原本就偷偷藏在患者的大腦裡，是腦傷讓他們再也藏不下去。比如說，雅各的大腦迴路原本可以壓抑住自己的渴望，他知道那種渴望在社會上與道德上都令人髮指，是腦瘤干擾了他原本的大腦迴路。比起大腦化學物質受到破壞就能瓦解核心道德觀，這個解釋對許多人來說比較容易接受。另一方面，因為大腦受到意料之外的影響，而對本來不感興趣的禁忌性慾產生執迷，這樣的患者數量不少，或可支持至少有一部分案例是神經系統變化，才導致行為驟變。

我們普遍認為性取向或戀愛偏好這樣的東西，是構成自我認同的基本要素。但只要稍微改變大腦組織或化學物質，就能徹底改變重要的人格特質，這件事實在令人坐立難安。從本章介紹的案例看來，只要發生一次腦損傷，我們就有可能愛上過去想都沒想過的某個人——或是某樣東西。

CHAPTER

6

多重人格

PERSONALITY

一九九三年秋天，李察．貝爾醫生（Richard Baer）打開信箱，看到一封他這輩子收過最奇怪的信。

貝爾有個病人叫凱倫（Karen），來找他看診時已重度憂鬱且有自殺傾向。治療過程中，凱倫稍微提到童年曾經受虐，直到接受貝爾醫生治療四年之後，她才放心地將創傷經驗全盤托出。她說父親與祖父都曾對她下藥性侵，還讓朋友付費就能占她便宜，並強迫她參加性愛儀式。

貝爾醫生還在處理這些驚人的資訊時，又收到了一封信（包括錯字原文照錄）：

親愛的貝爾醫生，你好：

我叫克萊兒（Claire），今年七歲。我住在凱倫的身體裡，你們說的話我一直都亭得到。我想跟你說話，可是不之道怎麼做。我都和詹姆斯（James）、莎拉（Sara）一起玩。我也會唱哥。我不想死。你能不能幫我綁鞋帶

克萊兒〔1〕

這封信雖然非常古怪，但貝爾醫生讀完之後，有些疑點漸漸變得清晰。治療剛開始的時候，凱倫透露她偶爾會出現記憶斷片的情況。例如有一天她正要去超市買東西，半途忽然失去意識。再次恢復意識的時候，她人正在百貨公司幫兒子買帽子。她根本沒去超市，卻想不起來為什麼沒去。

凱倫坦言，從小到大，這種斷片的情況經常發生。她對童年的許多時光毫無記憶，也不記得曾經跟丈夫發生性關係——雖然他們有兩個孩子。

這封信回答了一個疑問。貝爾醫生相信凱倫的情況就是俗稱的多重人格障礙（multiple personality disorder），醫學上叫做**解離型認同疾患**（dissociative identity disorder），簡稱ＤＩＤ，患者的行為會表現出兩個或兩個以上的不同人格，亦稱為**分身**（alters）。ＤＩＤ患者只要「切換」人格，就會使用不同的名字、性別與聲音。分身可能會有獨特的行為舉止，甚至宣稱自己連身體特徵也不一樣，例如需要戴眼鏡。

分身人格出場的期間，ＤＩＤ患者通常處於嚴重失憶狀態。這樣的記憶缺失可能帶來極大的痛苦，因為患者不記得分身控制自己時發生過什麼事。所以ＤＩＤ患者可能

1 Baer R., *Switching Time: A Doctor's Harrowing Story of Treating a Woman with 17 Personalities* (New York: Three Rivers Press, 2007), 91.

會碰到無法解釋的長期記憶斷片，就像凱倫一樣。

貝爾醫生收到「克萊兒」的信之後，其他人格也在療程中陸續出現。最終貝爾醫生在凱倫身上總共遇到十七個不一樣的人格，年齡從兩歲到三十四歲，性別有男有女，個性、興趣和身體特徵都不一樣。

例如克萊兒是七歲的小女孩，喜歡玩遊戲，怕黑。凱薩琳（Katherine）三十四歲，女性，喜歡古典音樂、歌劇、吹單簧管。霍爾頓（Holdon）三十四歲，男性，身材高大壯碩，喜歡打保齡球，他是凱倫的保護者。

認識凱倫身上的每一個人格之後，貝爾醫生的目標是將所有的人格合而為一。這是治療DID患者常見的作法。醫生不會試圖剷除分身，而是試著把分身融入患者的意識裡——也就是把各自獨立的碎片拼湊成完整的個體。

一九九八年四月，凱倫的人格整合大功告成——此時她已接受貝爾醫生的治療九年。二〇〇六年，凱倫終於可以停止治療。她的DID症狀——以及她最初求診時想治療的重度憂鬱症——都已成過往雲煙。

▼大腦的多種認知整合失敗

一個人大腦裡住著好幾個人格，這聽起來似乎很奇怪（或許也沒那麼奇怪——這一點稍後再細述），其實DID的關鍵特徵對我們來說並不陌生，那就是：解離（別忘了，DID是解離型認同疾患的簡稱）。在正常情況下，大腦整合大量資訊——包括感知、情感、記憶、身分認同等等——的能力卓越拔群，營造出一種連貫的感覺，包括「我是誰」以及「我周遭正在發生什麼事」。大腦做這件事做得行雲流水，以致有時候我們很難發現自己的感受是由這麼多元素拼湊而成——除非發生了解離。身心解離的時候，大腦無法順暢整合認知的各種元素，意識覺察可能因此受阻。

聽起來很嚴重，但其實解離未必會令人身心衰弱。輕微的解離相當常見（也會發生在健康的人身上），例如做白日夢或短暫走神。比方說，凝視窗外好幾分鐘卻什麼也沒看——然後突然驚醒，想起自己應該動筆寫書——這就是一種輕微的解離。

不過有些情況的解離破壞力較強，會嚴重干擾大腦維持連貫感受的能力。人格解離與喪失現實感都是可能出現的症狀（請回顧第一章）。以DID患者來說，嚴重解離破壞了他們維持穩定身分的能力，進而催生出看似不同的其他人格狀態。

▼驅魔、催眠與解離型認同疾患

ＤＩＤ有過許多名稱，「多重人格」這個說法一直沿用到一九九四年。更名為「解離型認同疾患」的部分原因，是為了強調ＤＩＤ患者的努力方向，是將分身人格統合成單一身分，而不是獨立培養出一個從未屬於核心自我的新人格（多重人格一詞較容易令人聯想到後者）。無論使用哪一個名稱，史上對於疑似ＤＩＤ患者的描述，可追溯到幾百年前。

最早的ＤＩＤ案例經常被解讀為超自然事件。例如一五〇〇年代晚期，有一名二十五歲的道明會修女珍恩・法利（Jeanne Fery）被認為遭惡魔附身。法利修女體內似乎住著許多人格，有些善良無害，有些卻很邪惡（並非誇飾——他們以惡魔自稱）。她的行為經常會突然劇烈地轉變，而且不同的人格狀態之間差異分明。她有時候像個恬靜的四歲女孩，接著驟然切換成邪惡分身，怒氣沖沖、殺氣騰騰。她甚至曾經攻擊大主教與他的助理。有時候，她自稱是抹大拉的馬利亞。

根據法利修女的案例紀錄，她臉部表情抽搐扭曲，時不時用力搖頭晃腦，還出現自縊及其他令人不安的行為，全都很像電影《大法師》（*The Exorcist*）裡的場面。古往今來許多惡魔附身的案例，說不定（或很可能）都能用DID來解釋。實際上，法利修女得到的治療正是驅魔儀式——而且根據教會長老的說法，驅魔相當成功。不過法利修女也受到修女同伴二十一個月的悉心照顧，比起驅魔儀式，這或許對她的康復更有幫助。〔2〕

解離（而非邪惡的存在）導致另一個人格出現，這種想法可以追溯至一八〇〇年代。當時解離仍是相當新穎的觀念。事實上，大腦同時具有意識與無意識本身就是新觀念，而無意識的機制有可能影響大腦運作，也令當時的心理學家想要一探究竟。這些想法使他們將興趣轉移到催眠等方法上，說不定這些方法能把隱藏在潛意識裡的想法揭露出來——包括人格分身的想法，因為分身通常躲在DID患者的表相底下。

有一部分符合現代臨床定義的DID患者，最初就是透過催眠和其他類似的方法確定診斷的。法國人路易・維衛（Louis Vivet）就是其中之一。維衛童年飽受虐待，十七歲的時候還曾被毒蛇緊纏左臂，驚悚萬分。雖然那條蛇沒有咬他，卻給他留下了心理創傷。當天晚上他就失去意識，還劇烈抽搐。後來他雙腿癱瘓，而且顯然找不到任何外在因素（我們將在第七章討論類似的離奇症狀）。

2 O. van der Hart, R. Lierens, and J. Goodwin, "Jeanne Fery: a sixteenth-century case of dissociative identity disorder," *Journal of Psychohistory* 24, no. 1 (Summer 1996): 18–35.

一年後，維衛的癱瘓不藥而癒——他對過去一整年的記憶也突然消失。與此同時，他的個性出現明顯的變化：以前的他沉穩有禮，現在動不動就跟人吵架，衝動任性，幾乎就是個危險人物。又過了幾個月，維衛的雙腿再次癱瘓，而且又變回原本沉穩溫和的那個他。雙腿健全的吵架王與雙腿癱瘓的紳士輪流登場，這樣的情況持續了好幾年——對此狀況感興趣的醫生們，觀察到其中許多次的分身切換，他們還借助催眠，發現維衛擁有多達十種人格狀態。〔3〕

從十九世紀開始，醫生陸續發現了許多DID的其他案例。但直到二十世紀下半葉出現幾個廣為人知的案例，世人才遠比以前更加認識DID。其中一例是美國女子克莉絲汀・塞斯摩爾（Christine Sizemore），她的醫生將她與DID搏鬥的過程寫成《三面夏娃》（*The Three Faces of Eve*）這本書，該故事後來改編成同名電影，頗為賣座。一九七〇年代，也有一本同樣影響深遠的DID書籍問世，叫做《變身女郎》（*Sybil*）後來翻拍成同名電視影集。〔4〕該書描述的是雪莉・梅森（Shirley Mason）的故事，據說她擁有十六個人格。（西碧兒是假名，目的是保護梅森的隱私，直到她死後，該書主角的真實身分才揭露。）

這些有名的DID案例引發大眾的好奇心，很快就有作家在書籍、電影和電視劇裡經常使用DID設計情節。由於大眾比以往更加認識DID，診斷出的案例數也隨之

增加。據估計，在《變身女郎》出版之前只有五十個已知案例，到了一九九〇年已經有超過兩萬個DID確診案例。〔5〕

不過，《變身女郎》和雪莉・梅森的案例，也有助於理解圍繞著DID的某些爭議。《變身女郎》出版幾十年後，有證據顯示，治療梅森的心理學家柯奈莉亞・威布爾醫生（Cornelia Wilbur）可能使用了某些方法，刻意鼓勵梅森相信自己擁有多重人格——儘管這些分身純粹出於想像。〔6〕有人認為，威布爾可能太想從案例身上獲取專業與金錢上的好處，這影響了她選擇的治療方式——或許也影響了她的職業操守。〔7〕

雪莉・梅森與另一些類似案例令人懷疑DID診斷的真實性。懷疑的人認為，過去五十年來DID案例之所以增加，部分是因為治療的作法（有意或無意）鼓勵患者相

3 H. Faure, J. Kersten, D. Koopman, and O. van der Hart, "The 19th century DID case of Louis Vivet: new findings and re-evaluation," *Dissociation* 10, no. 2 (1997): 104–13.

4《變身女郎》繁體中文版由野鵝出版社翻譯出版。

5 Reuters, "Tapes Raise New Doubts About 'Sybil' Personalities," *The New York Times*, August 19, 1998, https://www.nytimes.com/1998/08/19/us/tapes-raise-new-doubts-about-sybil-personalities.html.

6 R.W. Rieber, "Hypnosis, false memory and multiple personality: a trinity of affinity," *History of Psychiatry* 10, no. 37 (March 1999): 3–11.

7 D. Nathan., *Sybil Exposed: The Extraordinary Story Behind the Famous Multiple Personality Case* (New York: Free Press, 2011).

信自己擁有多重人格。除此之外，廣為流傳的知名案例，可能也會導致患者（有意或無意）模仿DID的症狀。從這個角度來詮釋，DID是一種後天習得的行為——而非精神障礙。

然而，也有證據顯示DID的診斷確實不假。持續有研究發現，確診的真實DID患者與假裝有DID症狀的自願受試者之間，存在著心理特徵上的差異。[8]此外，診斷DID的工具通常能提供可靠的診斷結果。[9]研究者還發現，DID患者切換至分身的人格狀態時，身體與大腦的運作方式也會出現顯著差異。這些生物功能上的變化似乎不可能偽造，因此它們應該是支持DID確實存在最具說服力的證據。

▼解離型認同疾患的生物學原理

有個案例令人瞠目結舌，這名患者開始接受DID治療時，所有跡象都顯示她是雙目失明的盲人。治療了四年之後，精神科醫師發現她有一個分身（年輕男性）視力竟然是正常的。當然，這名患者的失明顯然不是因為眼睛或視覺系統有生理缺陷，而是出於心理因素（有時稱為心因性失明）。雖然如此，確實有一家大學附設眼科診所證明她是盲人，做為她申請殘障給付的依據。她的視障似乎並非造假。這名患者接受進一步的治療後，有幾個人格狀態恢復了視力，但其他人格狀態仍是盲人。〔10〕

研究也發現ＤＩＤ患者的大腦功能異於常人。例如有項實驗觀察一小群ＤＩＤ患者處於不同人格狀態時的大腦活動。研究者假設：如果ＤＩＤ真的是一種切換多重人格的精神障礙，不同的人格應該會有自己專屬的大腦活動。實驗結果符合假設：不同的人格狀態與特定的大腦活動模式有關，這意味著人格切換與大腦運作的改變之間，確實存在著關聯。〔11〕

對科學家來說，要解釋大腦裡發生了什麼事才會導致ＤＩＤ依然相當困難。不

8 E.M. Vissia, M.E. Giesen, S. Chalavi, E.R. Nijenhuis, N. Draijer, B.L. Brand, and A.A. Reinders, "Is it trauma-or fantasy-based? Comparing dissociative identity disorder, post-traumatic stress disorder, simulators, and controls," *Acta Psychiatrica Scandinavica* 134, no. 2 (August 2016): 111–28.

9 M.J. Dorahy, B.L. Brand, V. Sar, C. Krüger, P. Stavropoulos, A. Martínez-Taboas, R. Lewis-Fernández, and W. Middleton, "Dissociative identity disorder: an empirical overview," *Australian & New Zealand Journal of Psychiatry* 48, no. 5 (May 2014): 402–17.

10 H. Strasburger and B. Waldvogel, "Sight and blindness in the same person: gating in the visual system," *Psych Journal* 4, no. 4 (December 2015): 178–85.

11 A.A. Reinders, E.R. Nijenhuis, A.M. Paans, J. Korf, A.T. Willemsen, and J.A. den Boer, "One brain, two selves," *Neuroimage* 20, no. 4 (December 2003): 2119–25.

過，有一種假設把焦點放在大腦的創傷反應，例如童年遭受過身體虐待或性虐待。多數DID患者都曾經歷過某種創傷[12]，許多科學家相信，DID患者創造分身是為了應付創傷記憶帶來的強烈情感。這或許能將強烈情感隔絕在分身裡——在某種意義上——對患者本身發揮了保護作用，使他們感受不到創傷帶來的痛苦。這套解釋DID起源的觀念，叫做DID的創傷模型（trauma model）。

既然大部分的DID患者都曾經歷創傷，有很多DID患者承受著創傷後壓力症（post-traumatic stress disorder，簡稱PTSD）或許不令人意外。PTSD是因為情境再現（flashbacks）、惡夢或類似的情況，反覆重新感受創傷事件的一種精神障礙。PTSD與DID之間可能存在著神經生物學上的關聯；我們在這兩種精神障礙裡都觀察到，處理創傷經驗的大腦結構出現異常。

其中一種異常發生在杏仁核（amygdala），這是位於顳葉的一小群神經元。「amygdala」是希臘語的「杏仁」，這個結構的形狀有點像杏仁，因此得名。雖然我們提到杏仁核時經常以單數稱之[13]，其實杏仁核有兩個——左右半腦各有一個。

小小的杏仁核雖不起眼，卻能對人類的情感經驗發揮複雜的作用。杏仁核是協調情感反應的關鍵結構，它與建立特定類型的長期記憶有關，通常是引起強烈痛苦情緒的事件。另外有大量的證據顯示，杏仁核與某種情感反應有關：恐懼。

許多動物研究與人類研究都發現，杏仁核對恐懼來說至關重要。當我們在環境裡碰到危險時，杏仁核裡的神經元會變得極度活躍。它們向大腦的其他區域發送訊號，啟動「**戰或逃反應**」（fight-or-fight response）。你應該聽過戰或逃反應，高中生物課有教過。就算以前沒聽過——或是像我一樣，高中學過的東西幾乎全部還給老師了——這也不是個陌生的觀念，因為你早已體驗過無數次。

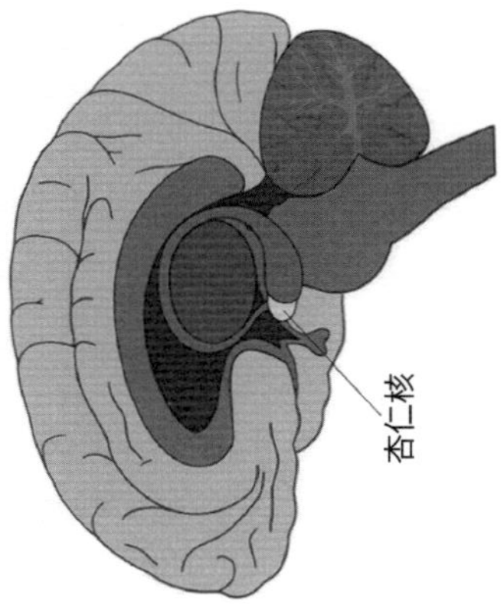

戰或逃反應會引發眾所周知的一系列生理反應：心跳加速、血壓升高、呼吸急促、瞳孔放大等等。這些生理變化有一個共同目的：讓身體做好奔跑或對戰的準備。將更多

12 C.J. Dalenberg, B.L. Brand, D.H. Gleaves, M.J. Dorahy, R.J. Loewenstein, E. Cardeña, P.A. Frewen, et al., "Evaluation of the evidence for the trauma and fantasy models of dissociation," *Psychological Bulletin* 138, no. 3 (May 2012): 550–88.

13 以單數指稱複數的大腦結構是神經科學界的常態。多數的大腦結構都是成雙成對的，所以會有兩個（左右半腦各一），不過在敘述和談論這些結構時，經常以單數表達。雖然有可能產生誤解，但我將沿襲傳統，而不是使用較少人知道的複數形（例如杏仁核的複數形 amygdalae），我認為複數形反而更容易引發誤解。

含氧的血液送到肌肉，肌肉因此蓄勢待發；瞳孔放大、視野變廣，能把周圍的情況看得更仔細等等。除此之外，戰或逃反應會抑制當下不值得投入能量的生理功能，例如消化、膀胱收縮（因為戰鬥時尿褲子可不是什麼好事）。

科學家認為戰或逃反應曾幫助人類生存。原始人類必定碰過許多間不容髮的情況，生死取決於身體能否在短時間內起身對抗或轉身逃跑（例如碰到掠食者）。少了戰或逃反應，你的遠古祖先就無法快速採取行動，活下來訴說他們在疏林草原上邂逅獅子的故事，致使你的家族血脈斷絕於幾萬年前，你也失去了誕生的機會。

值得注意的是，身體面對危險和心理遭受威脅，都會觸發戰或逃反應。無論是早晨散步遇到惡犬，還是向一群同事做口頭報告，都會激發戰或逃反應的典型徵兆，只是程度或有不同。

演化使得戰或逃反應成為重要的安全機制，但反應過度反而有害無益。除了引發焦慮，它還會導致壓力荷爾蒙大量分泌，而壓力荷爾蒙在血液裡停留太久對身體有害，輕則破壞血管，重則造成神經元死亡。

因此，我們必須具備調節杏仁核活動的能力，防止杏仁核對不會威脅身心健康的東西反應過度。讓我們歡迎前額葉皮質登場。我在第三章提過，前額葉皮質與理性思考有關，所以在這種情況下，它就能發揮關鍵作用，以抑制杏仁核做出非必要的反射反應。前額葉皮質會幫助大腦判斷，環境裡的人事物是否真的造成立即威脅。如果不是，前額葉皮質可以協助抑制杏仁核反應——也就是用理性的聲音安撫杏仁核的情感反應。

舉個例子好了，想像一下你早上散步時遭到惡犬襲擊，牠咬了你幾口但傷勢輕微。後來你去朋友家玩，他們家的乖狗狗緩慢靠近你，希望你摸摸牠。由於你最近有被狗咬的悲慘經驗，所以看到有狗靠近或許會感到害怕。此時你的前額葉皮質可以在杏仁核愈來愈激動時發揮作用，幫忙踩煞車，提醒你：雖然你曾有過負面經驗，但是眼前的這條狗似乎並不危險。

不過前額葉皮質與杏仁核之間的抑制關係，碰到某些情況（例如PTSD患者）會無法發揮應有的作用，於是杏仁核變得無比激動、不受控制。這或許會導致杏仁核在碰到與創傷事件有關的刺激時——或甚至只是與事件的記憶有關——產生與碰到創傷事件本身一樣的強烈反應。創傷事件彷彿再次發生，杏仁核決定祭出最強的戰或逃反應。PTSD患者可能會因此覺得自己不斷重複體驗創傷事件。

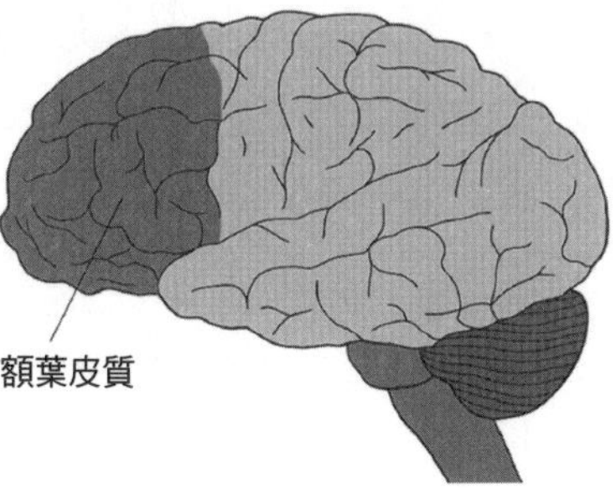

為了解釋有創傷經驗的患者為什麼會罹患DID，有研究者假設，連接前額葉皮質與杏仁核的抑制路徑有時會過度活躍。這是一種創傷反應，會用力抑制杏仁核，或許是為了削弱痛苦記憶引發的強烈情感。增強抑制，與情感疏離和解離都有關係。〔14〕因此，過度抑制杏仁核，可能是一種減輕痛苦的自我防禦機制——問題是這種自我防禦機制的效果太好，導致情感受到極度壓抑、患者身心解離，有極少數患者會出現身分認同斷裂。

這項假設絕對不是DID成因的最後定論，還有其他大腦結構與機制也參與其中。我們需要做更多研究，才能清楚了解這種精神障礙的神經生物學源頭。在那之前，DID的創傷模型是可以著手的起點。它或許能為某些患者的DID特徵提供解釋，也為將來進一步全面了解DID建立基礎。

▼解離的各種樣貌

許多研究者也在深入研究解離，因為了解這種不尋常的心理狀態，或許能幫助我們認識其他以嚴重解離為特徵的精神障礙。除了DID之外，類似的精神障礙還有好幾種，而且症狀的嚴重程度都不亞於多重人格。如同DID，這些精神障礙都與過往的創傷事件——或極度痛苦的事件——有關。

人格解離／失實障礙（depersonalization/derealization disorder，簡稱DPDR）的患者會突然覺得自己不屬於這世界，或是強烈認為身處的世界不是真實的。他們可能覺得自己活在夢境裡，或覺得自己是從遠處觀察人生的旁觀者。這些感覺可能會變得非常強烈，以至於患者感受到自己是從身體的外面觀察自己。

有位DPDR患者描述，他原本走在街道上，忽然之間，他覺得他正從附近一家店鋪的遮雨棚上俯視自己。這是第一次發作，後來又發生了許多次。從此之後，他一輩子都在與DPDR搏鬥。往後二十年，他有過多次靈魂出竅的經驗。他說：「在那之後，我……一直不確定我有回到我的身體裡。」[15]

解離性失憶（dissociative amnesia）是嚴重的記憶中斷，失去的記憶短則幾分鐘，長則好幾年。失去的記憶可能是全面而分散的，也可能只忘記特定事件與細節。在極罕見的

14 A.A. Nicholson, M. Densmore, P.A. Frewen, J. Théberge, R.W. Neufeld, M.C. McKinnon, and R.A. Lanius, "The dissociative subtype of posttraumatic stress disorder: Unique resting state functional connectivity of basolateral and centromedial amygdala complexes," *Neuropsychopharmacology* 40, no. 10 (September 2015): 2317–26.

15 C.W. Berman, "Out of His Body: A Case of Depersonalization Disorder," *HuffPost*, September 11, 2011, https://www.huffpost.com/entry/depersonali zation-disorder_b_953909.

情況下，解離性失憶會伴隨「**漫遊狀態**」（fugue state），處於漫遊狀態的患者缺少能使他們依戀當下生活的記憶，所以會一聲不響就離家。有時是漫無目的地遊蕩，有時會有明確的目標，但這個目標只有他們自己知道，而且與失憶前的人生沒有合理的關聯。最極端的解離性失憶案例，可能會搬到別處，以全新的身分生活——並且對過往的人生毫無意識。對極力想要恢復記憶的患者來說，尋找過往記憶本身就是一種創傷經驗——因為他們可能會發現，原來他們居然曾經有過截然不同的身分。

解離性失憶通常是由極端壓力或創傷事件觸發，但與其他較常見的記憶障礙不同的是，解離性失憶的患者以四十歲以下為主。〔16〕洛根（Logan）就是一例，他只有二十歲，某個星期一早上母親帶他去看醫生，在那之前他沒有健康或精神方面的問題。兩天前他還很正常，星期天去上班時卻突然陷入混亂。他不認識同事了，還問主管自己在這裡應該幹嘛。主管要他立刻回家，可是他回到家後卻不認得母親、兄弟姊妹和自己的狗。

洛根的母親要他先去睡覺，希望休息能使他恢復心理健康。洛根雖然滿心疑惑，還是乖乖聽從母親的建議。他睡了好幾個小時，下午起床後就直接離家，沒有告訴任何人。母親發現洛根不見了，開始瘋狂傳簡訊給他，可是他沒有回覆。她打電話給洛根的幾個朋友，組了一個小小的搜尋隊。最後他們在一家便利商店的停車場找到洛根。他不記得自己怎麼會跑到那裡，也不記得為什麼跑到那裡。

洛根失憶的前一週才剛失戀，他很痛苦。醫院診斷他罹患解離性失憶，他出院後開始接受治療，試圖找回失去的記憶。他的失憶症持續了三個多月，後來終於慢慢恢復、正常工作，回歸原有的人生。〔17〕

其他的解離性精神障礙（例如DPDR）與解離性失憶的神經生物學原理尚未完全釐清，但神經科學家推測與DID的機制類似。以DPDR為例，有個假設是前額葉皮質過度抑制大腦裡的情感區域（例如杏仁核），目的是管理與創傷有關的痛苦情感。問題是，這樣的機制雖然沒有造成身分認同斷裂，卻導致情感缺失，進而形成DPDR的典型特徵：疏離。〔18〕

前額葉皮質可能在解離性失憶中發揮類似的重要作用。有一種假設認為，前額葉皮質與其他區域，可能會試著阻擋與創傷有關的痛苦記憶進入意識，不讓人感受到強烈的痛苦。然而，要達成這個目的所施展的手段，可能會干擾維持記憶的必要機制。若再加

16 T.A. Clouden, "Dissociative amnesia and dissociative fugue in a 20-year-old woman with schizoaffective disorder and post-traumatic stress disorder," *Cureus* 12, no. 5 (May 2020): e8289.

17 P. Sharma, M. Guirguis, J. Nelson, and T. McMahon, "A case of dissociative amnesia with dissociative fugue treatment with psychotherapy," *Primary Care Companion for CNS Disorders* 17, no. 3 (May 2015).

上大量的壓力荷爾蒙，這些機制將受到更多干擾，因為壓力荷爾蒙可能會破壞記憶。〔19〕

雖然解離性精神障礙顯然會對患者的人生產生實質衝擊，但最廣為人知的仍是ＤＩＤ。原因可能是其症狀特殊得令人難以置信。我翻閱科學文獻尋找值得注意的ＤＩＤ案例，發現大部分的ＤＩＤ患者都與凱倫很像：擁有多個分身。不過以古怪的程度來說，我偶然發現的一個案例就十分顯眼。

▼記憶斷片的吸血鬼

阿布杜爾（Abdul），男性，二十三歲。他因為一種奇特的上癮症去醫院求助。他說這種執念出現之前，他遭遇一連串創傷事件：他親眼目睹叔叔被人殺死；眼睜睜看著朋友殘暴殺人，甚至砍下被害者的頭、割掉生殖器；四個月大的女兒喪生。

女兒過世後，阿布杜爾漸漸生出一股恐怖電影裡才會出現的強烈慾望：他對人血有一種止息不了的渴望。一開始他用刮鬍刀片割傷自己，等流進杯子裡的血夠多再一飲而盡。但他說後來他也極度渴望喝別人的血：「就像急切渴望呼吸一樣」。〔20〕

遺憾的是，阿布杜爾將這股渴望付諸實行。他曾因為想要喝人血而刺傷或咬傷他人，多次遭到逮捕。阿布杜爾的父親經常向血庫買血，以平息兒子的這種慾望，減少兒子暴力攻擊他人的機會。

通常阿布杜爾完全不記得自己的暴行，他說自己經常發生記憶斷片。根據他的說法，他常常發現自己身處新的地方，並對此感到莫名其妙，也常常在街上碰到路人用不一樣的名字叫他。最後阿布杜爾進了醫院，醫生診斷他患有ＤＩＤ、重鬱症（major depressive disorder）與ＰＴＳＤ。別人叫他的那些名字屬於他的分身，他失憶的時候，就是被分身控制時。

值得注意的是，ＤＩＤ通常不會涉及暴力行為。阿布杜爾有嚴重的妄想與幻覺，這些都是ＤＩＤ較少見的症狀。他說常常看到一個「穿黑色大衣的高大男子」在他附近徘徊，還有一個會慫恿他施暴的小孩子。這個孩子會說「撲上去」或「掐死他」之類的話，阿布杜爾會乖乖照辦。

18 N. Medford, M. Sierra, D. Baker, and A.S. David, "Understanding and treating depersonalisation disorder," *Advances in Psychiatric Treatment* 11, no. 2 (2005): 92–100.
19 A. Staniloiu and H.J. Markowitsch, "Dissociative amnesia," *Lancet Psychiatry* 1, no. 3 (August 2014): 226–41.
20 D. Sakarya, C. Gunes, E. Ozturk, and V. Sar, "'Vampirism' in a case of dissociative identity disorder and post-traumatic stress disorder," *Psychotherapy and Psychosomatics* 81, no. 5 (2012): 322–3.

阿布杜爾在醫院住了兩個星期，住院期間，醫生開了幾種藥治療憂鬱症和妄想症。他出院之後，有次與妻子的家人激烈爭吵，然後再度入院，這次住了三個星期。第二次住院治療後，阿布杜爾說他不再一直想要飲血，但失憶的情況仍未消失。最後一次追蹤檢查時，阿布杜爾悲觀的表示：「大概只有死亡才能終結這個麻煩。」

• • •

從最早的DID個案被發現以來，像阿布杜爾這種人格分身具有暴力行為的例子，就一直是大眾的關注焦點。這或許是因為，想到內在有另一個人格可能會跑出來做出令人髮指的行為，會令我們坐立難安。也或許是因為，我們看出這類行為表現出壓抑的衝動，而壓抑衝動是我們每個人都有的經驗。

但我也相信大家之所以對DID這麼有興趣——在某種程度上——是因為我們都知道自己的人格並非恆常不變。儘管我們想要相信自己的心靈既安穩又可靠，但其實心靈是由紛亂的思緒構成，而有時候這些思緒很像來自眾多的內在自我。

至少在我看來，想像自己是由多個（緊密交織的）不同人格組合而成比較合理。我有時外向熱情，有時內向孤僻，有時擔任領導者，有時寧願順從。DID患者和我的差異在於，我的人格是彼此融合的——也知道彼此的存在。我展現出思考模式中的某一種傾向時，不會跟現實脫節，而會把這種模式融入「我」的整體概念裡。

話雖如此，人類習慣用二分法來定義自己。不是外向熱情，就是內向害羞；不是領導者，就是追隨者；以此類推。然而，與其用「不是／就是」來定義自己，不如把自己想像成一個綜合體——各種特質融合在一起，也會交替出現。

從這個角度看來，DID乍看之下雖然是異常，但它或許更能代表正常人類的人格光譜。因此，了解DID患者的大腦裡發生什麼事，才導致內在人格融合失敗（這是DID的特徵），或許不僅有助於了解DID，也使我們更理解人類經驗。

CHAPTER

7

心想事成

BELIEF

一九七三年，克里夫登・米德醫生（Clifton Meador）與一個叫山姆（Sam）的新病患見面，他罹患食道癌，命在旦夕。這場會面不太順利。躺在病床上的山姆藏在被子裡不肯現身。「走開，」他有氣無力卻難掩憤怒地說，「不要煩我。」〔1〕

米德掀開被子，看見一個蒼老憔悴的男子，他幾乎睜不開眼睛，看上去「跟死人沒兩樣」。當時米德還不知道，這位虛弱的老人將顛覆他對於信念如何影響健康、人生與死亡的看法。

米德與山姆的妻子莎拉（Sarah）談了一下，知道幾個月前醫生就已宣告山姆只能再活幾個月。山姆被診斷為食道癌第四期，癌細胞已擴散至肝臟（這種情況通常無法治癒）。山姆與妻子均已年過七十，他們搬到田納西州，這樣距離能夠幫忙臨終照顧山姆的家人比較近；他們與米德醫生碰面的醫院位於納士維市（Nashville）。

接受了幾天的支持治療之後，山姆恢復了一些精神，也走出原本令他日漸憔悴的憂鬱狀態。他每天都能下床數次在走廊裡來回散步，而且很快就胖了幾公斤。漸漸地，他對米德醫生敞開心房。山姆描述了過去兩年的人生變化，他透露的故事令人心碎。

山姆說，其實他跟莎拉幾個月前才結婚，莎拉是他的第二任妻子。一年半前，山姆仍與第一任妻子瓊恩（June）住在一起，他說瓊恩才是他的靈魂伴侶。山姆和瓊恩都熱愛划船，他們存了好幾年的錢，終於在一座大湖畔買了一間退休宅。山姆打算在湖畔的新家終老。

有天晚上山姆睡覺的時候，一場天災摧毀了他的人生計畫。他家附近的一座土壩決堤，突如其來的洪水沖垮他們的房子，把房子——還有山姆與瓊恩——沖進附近的河裡。瓊恩的遺體一直沒有找到。山姆緊緊抓著房子的殘骸才死裡逃生。山姆向米德醫生轉述這個故事的時候，哭著說：「我失去了我最在乎的一切。我的心和靈魂也被那天晚上的洪水沖走了。」

不到六個月後，山姆開始出現嚴重的吞嚥困難。醫生幫他尋找吞嚥問題的原因時，發現他罹患了食道癌，並在切除病灶時，發現癌細胞顯然已經擴散至胃部。

不幸的是，食道癌的預後向來不樂觀——尤其是已經擴散的話。平均而言，確診後只有不到六%的患者能存活五年以上。〔2〕儘管未來黯淡無光，山姆在癌症確診後的第二年結識了第二任妻子莎拉，她全心全意支持山姆對抗病魔。

1 C.K. Meador, "Hex death: voodoo magic or persuasion?," *Southern Medical Journal* 85, no. 3 (March 1992): 244–47.
2 "Cancer Stat Facts: Esophageal Cancer," Surveillance, Epidemiology, and End Results (SEER) Program, National Cancer Institute, accessed May 30, 2022, https://seer.cancer.gov/statfacts/html/esoph.html.

聽完山姆沉痛的人生故事後，米德醫生問他：「你希望我怎麼做？」這個問題的意義不言而喻。山姆的時間已經不多了，米德醫生面臨兩種選擇：一種是緩和療護（palliative care），減輕山姆離世前的痛苦；另一種是幫助山姆盡量延長壽命。當然，第二種選擇可能意味著，山姆必須承受巨大的痛苦與不適，以換取多活一些時日。

「我想至少活到過完耶誕節，陪伴妻子和她的家人，」山姆說，「只要能撐到過完耶誕節就好。這是我唯一的心願。」他說這句話的時候是十月。

山姆十月底出院，米德醫生為他制定了一套居家治療計畫。當時山姆看起來健康良好，米德醫生認為這是優質護理的功勞，他說要是他不知道山姆的診斷結果，應該會對山姆的健康抱持樂觀態度。從十月底到耶誕節，米德醫生定期為山姆看診。整體而言，這段期間山姆心情愉快、身體健康。

然而新年剛過完沒多久，山姆再度入院。他的病情明顯惡化，整個人也和之前一樣病懨懨的。但這次他只是輕微發燒，沒有特別嚴重的症狀——完全看不出生命將盡。可是他告訴莎拉，他已經撐過了耶誕節，現在要去醫院等待死亡。二十四小時後，他在睡夢中離世。

山姆過世後，米德醫生依照慣例檢查了他的遺體（常規驗屍在一九七〇年代比現在普遍得多），結果令他大感震驚。他原本以為山姆的食道和胃——其他器官大概也是——已被癌細胞占據。沒想到山姆的食道沒有癌細胞的蹤跡。他的肝臟確實有一小顆癌性腫瘤，但沒有大到足以影響他的肝功能。在這顆腫瘤開始出現任何症狀之前，山姆應該可以跟它共存個幾年。他體內的其他地方都沒有癌症。米德醫生在他肺部的一小塊區域發現了支氣管肺炎，但情況不足以致命。

這意味著一直以來，山姆以為自己病得很重、活得很苦——但他被誤診了。他不算健康，但不是癌症末期病患。米德醫生無法確定他的死因。山姆過世的時候確實有肺炎與癌症，可是他並非死於這兩種疾病。

米德醫生左思右想之後，認為山姆之所以過世，是因為他覺得自己必死無疑。米德醫生的假設是：山姆在自己的信念得到醫生（他信任的權威）掛保證之後，給了信念過高的評價。而他周圍的每一個人也附和他的信念，以至於他的大腦——確信情況為真——說服他的身體也接受這個信念。

這個觀點或許並不符合西方醫學觀，但有許多類似的死亡案例似乎都與堅信自己會死有關。例如有個案例是一名二十二歲的患者，姑且叫她蓋布莉兒（Garielle）好了。蓋布莉兒在呼吸急促、胸痛、頭暈和昏厥等症狀持續六週之後，到醫院去就醫。醫生問診

時，她顯得驚慌失措。〔3〕

蓋布莉兒說，她出生的那天是十三號星期五。為她母親接生的助產士，當天另外接生了兩個孩子，後來她告訴蓋布莉兒的母親，這三個寶寶都受到了詛咒（這種行為應該不會讓助產士在網路上得到五星好評）。助產士說，第一個孩子將活不到十六歲，第二個注定會在二十一歲死去；至於蓋布莉兒，則在二十三歲就會香消玉殞。

不巧的是，三個孩子裡年紀最大的那個，在十六歲生日的前一天死於車禍。第二個孩子知道詛咒的事，所以也很擔心。她順利度過二十一歲生日，決定出去慶祝一下自己逃過詛咒。那天晚上她走進酒吧時，被一顆流彈擊中身亡。現在蓋布莉兒的二十三歲生日就快到了，她非常害怕。

蓋布莉兒開始出現換氣過度，而且隨著生日一天天接近，症狀也變得更加頻繁、更加嚴重。生日的前一天，她開始喘鳴（wheezing）與盜汗——這兩種症狀都來自極度恐懼，也因為恐懼而愈演愈烈。不久她便去世了。

驗屍結果顯示蓋布莉兒有肺高壓（pulmonary hypertension，供應血液至肺臟的動脈血壓偏高），使正常的心臟功能發生問題。簡言之，她身上確實存在著致死的因素。但是醫生不確定殺死蓋布莉兒的到底是這些因素，還是她對詛咒的強烈恐懼。〔4〕

▼這不是黑魔法

與強烈信念息息相關的死亡，有好幾個名字。比較科學的說法是心因性死亡，意思是心理狀態與強烈的情感可能發揮了致死的作用。比較通俗的名字，例如巫術和詛咒，則是暗指被神祕的力量殺死。

當然，多數科學家不會欣然接受死因是黑魔法，所以他們動手尋找更理性的答案。以科學解釋心因性死亡的嘗試，最早可追溯到一九四〇年代，主要的研究者是華特．坎農（Walter Cannon），他是美國極具影響力的生理學家。其實看完上一章之後，你對坎農的研究已多少有些概念，只是你不一定知道。就是他發明了「戰或逃」這個說法，用來描述神經系統回應危險事件的方式；戰或逃反應背後的生物學機制，有一部分是他率先研究出來的。

我們在第六章討論過杏仁核在啟動戰或逃反應裡扮演的角色，其實戰或逃反應也涉

3 J.K. Boitnott, "Clinicopathologic conference. Case presentation," *The Johns Hopkins Medical Journal* 120, no. 3 (1967): 186–99.

4 Ibid.

及神經系統裡的交感神經系統。構成交感神經系統的神經遍及全身，它們可刺激身體立刻採取行動，也可以與大腦溝通協調荷爾蒙的釋放，讓身體做好長久回應潛在威脅的準備。坎農指出，心因性死亡的原因可能是交感神經系統的過度刺激，導致腎上腺素大量分泌與隨之而來的生理作用，進而引發了休克——並在某些情況下足以致死。因此坎農認為死於心因性死亡的人，其實就是被嚇死的。〔5〕

坎農的假設可以解釋猝死，問題是，心因性死亡往往可回溯數週或更久（例如山姆的情況）。因此，坎農的假設無法徹底消除心因性死亡的神祕因素，而想透過生理學解釋這種現象的其他嘗試，也都以失敗收場。科學家不得不勉強承認，「期望」或許是影響心因性死亡的原因之一。換句話說，在某些患者身上，死亡悄然逼近的原因（至少部分原因），是他們期待並相信死亡即將到來。

▼信念的力量

信念可能影響健康，這當然不是什麼嶄新的觀點。一八〇〇年代的醫生就經常開安慰劑來緩解病人的症狀。安慰劑是偽裝成藥物但不具療效的物質，主要目的是讓患者以為服用之後就能解除病痛。一八〇〇年代常見的安慰劑包括麵包球、糖球，給患者皮下注射水或是喝有顏色的水等等——醫生會信誓旦旦地告訴患者，這些藥物有助於恢復健康。

十九世紀的醫生之所以使用安慰劑，不是為了戲弄或詐騙病患，而是因為真的有效果。在那個治療選擇有限的年代，若是不提供安慰劑，醫生只能提供善意的建議，除此之外能做的不多。但醫生知道比起什麼都不做，給病患一些具體的、他們相信有效的東西，更有可能稍微改善病況。根據估計，那個年代醫生使用安慰劑的頻率，比所有藥物加起來的總和還高。〔6〕這種做法一直到二十世紀上半葉才停止，因為愈來愈多人認為欺騙病患有違道德。

諷刺的是，醫生不再像過去那麼常用安慰劑之後，科學家才漸漸明白安慰劑的效果有多好。安慰劑及其效果的現代研究，也就是安慰劑效應（placebo effects），可溯源至一位名叫亨利・畢徹（Henry Beecher）的醫生。二次大戰期間畢徹在戰地醫院工作時，對安

5 W.B. Cannon, "Voodoo death," *Psychosomatic Medicine* 19, no. 3 (May-June 1957): 182–90.

6 A.J. de Craen, T.J. Kaptchuk, J.G. Tijssen, and J. Kleijnen, "Placebos and placebo effects in medicine: historical overview," *Journal of the Royal Society of Medicine* 92, no. 10 (October 1999): 511–15.

慰劑效應產生了興趣。根據他的描述，他會在嗎啡等強效止痛劑短缺的時候，為亟需止痛的受傷士兵注射生理食鹽水，並且告訴士兵這是嗎啡，試圖緩解疼痛。令畢徹驚訝的是，生理食鹽水緩解疼痛的效果幾乎不輸嗎啡。〔7〕畢徹認為，這意味著病患的期待在某種程度上會影響疼痛緩解。

他對這些觀察結果深感興趣，戰爭結束後便投身安慰劑研究。畢徹為了深入了解安慰劑的效果，隨機挑選了十五篇比較安慰劑與有效藥物的研究論文，這些研究涵蓋多種藥物，包括暈船藥與手術後的止痛藥，受試者總計超過一千人。畢徹發現，有超過三分之一的受試者，只使用安慰劑就減輕了症狀。〔8〕

後來的研究者認為畢徹估計的數字有點誇大，但並非出於刻意。畢徹只是沒有把改善病情的其他可能因素納入考量，例如有些症狀本來就會慢慢減輕（不需要安慰劑，也不需要服藥）。

無論如何，畢徹的發現震撼了臨床醫學界。這不僅表明安慰劑效應的強大超乎想像，也意味著藥物的效果有一大半來自安慰劑效應。也就是說，如果我們期待安慰劑有效，並在服下安慰劑之後也真的感受到療效，那麼當我們服用真正的藥物時，必然也有一部分療效是來自我們的期待（另一部分療效來自藥物的有效成分）。

▼安慰劑效應不全然是心理作用

畢徹劃時代的研究問世後，研究者對於安慰劑效應來自大腦和身體的哪些機制，愈來愈有興趣。一開始，科學家認為安慰劑效應主要來自心理作用。他們的假設是：如果患者相信治療能幫助康復，正面思考的力量將是康復的主因。隨著研究技術愈來愈精良，我們漸漸發現安慰劑改變的不只是信念，也會影響身體（和大腦）的功能。

有一個想要證明安慰劑會影響身體功能的重大研究，將焦點放在腦內啡（endorphins）這個物質上。**endorphin**是由**endogenous**（內生／內源）與**morphine**（嗎啡）組合而成的詞，反映出腦內啡是人體裡的天然物質（內生／內源意指這物質是體內自行生成的），而且緩解疼痛的效果與嗎啡相似。如同嗎啡，腦內啡也是對神經系統發揮作用，抑制疼痛訊號，使疼痛訊號無法抵達大腦。

一九七〇年代，科學家開始懷疑，安慰劑之所以能緩解疼痛，或許與腦內啡有關。

7 F. Benedetti, "Beecher as Clinical Investigator: Pain and the Placebo Effect," *Perspectives in Biology and Medicine* 59, no. 1 (2016): 37–45.

8 H.K. Beecher, "The powerful placebo," *Journal of the American Medical Association* 159, no. 17 (December 1955): 1602–6.

他們假設安慰劑會刺激腦內啡或類似的物質分泌，進而阻斷疼痛訊號，發揮止痛效果。為了驗證這個假設，有一群科學家來到牙醫診所，招募了五十一位即將拔掉智齒的患者。研究者說服這些患者參加研究，他們將患者分為三組：第一組服用嗎啡以控制拔牙後的疼痛，第二組服用安慰劑（無嗎啡），第三組服用納洛酮（naloxone），這種物質會妨礙腦內啡發揮作用，因此可能會加劇拔牙後的疼痛。（他們如何說服受試者參加可能加劇牙痛的實驗，或許才是這項研究最大的謎團。）

根據納洛酮組受試者的回報，他們感受到的疼痛明顯高於僅使用安慰劑的受試者。[9]妨礙腦內啡作用會導致安慰劑效應減弱，這意味著安慰劑效應（至少部分）借助了體內自然釋出的腦內啡才得以發揮。這項研究為安慰劑效應的生理機制提供了初步證據。簡單地說，它證明了安慰劑效應（至少在止痛上）並非全然是心理作用。我們使用安慰劑的時候，疼痛之所以減輕，不僅僅因為我們認為這是應該的，也因為有些疼痛訊號真的被擋在大腦之外。

自一九七〇年代的這項實驗以來，有大量研究也發現，安慰劑效應通常可歸因於生理機制。這些研究顯示，安慰劑能使大腦活動產生變化，例如影響神經傳導物質[10]與荷爾蒙[11]。安慰劑也可能改變免疫系統[12]、心臟[13]、消化道[14]、呼吸系統[15]等生理功能。

透過這些影響，安慰劑可以對大腦和身體的功能發揮各式各樣的作用。例如，安慰劑可以增加體力、提升體育表現〔16〕，消除壓力〔17〕，幫助睡眠〔18〕，使人保持清醒〔19〕，降低食

9 J.D. Levine, N.C. Gordon, and H.L. Fields, "The mechanism of placebo analgesia," *Lancet* 2, no. 8091 (September 1978): 654–57.

10 R. de la Fuente-Fernández, T.J. Ruth, V. Sossi, M. Schulzer, D.B. Calne, and A.J. Stoessl, "Expectation and dopamine release: mechanism of the placebo effect in Parkinson's disease," *Science* 293, no. 5532 (August 2001): 1164–66.

11 A.J. Crum, W.R. Corbin, K.D. Brownell, and P. Salovey, "Mind over milkshakes: mindsets, not just nutrients, determine ghrelin response," *Health Psychology Journal* 30, no. 4 (July 2011): 424–29.

12 M.U. Goebel, A.E. Trebst, J. Steiner, Y.F. Xie, M.S. Exton, S. Frede, A.E. Canbay, et al., "Behavioral conditioning of immunosuppression is possible in humans," *The FASEB Journal* 16, no. 14 (December 2002): 1869–73.

13 W.S. Agras, M. Horne, and C.B. Taylor, "Expectation and the blood-pressure-lowering effects of relaxation," *Psychosomatic Medicine* 44, no. 4 (September 1982): 389–95.

14 K. Meissner, "Effects of placebo interventions on gastric motility and general autonomic activity," *Journal of Psychosomatic Research* 66, no. 5 (May 2009): 391–98.

15 C. Butler and A. Steptoe, "Placebo responses: an experimental study of psychophysiological processes in asthmatic volunteers," *British Journal of Clinical Psychology* 25, pt. 3 (September 1986): 173–83.

16 C.J. Beedie, E.M. Stuart, D.A. Coleman, and A.J. Foad, "Placebo effects of caffeine on cycling performance," *Medicine & Science in Sports & Exercise* 38, no. 12 (December 2006): 2159–64.

17 M. Darragh, B. Yow, A. Kieser, R.J. Booth, R.R. Kydd, and N.S. Consedine, "A take-home placebo treatment can reduce stress, anxiety and symptoms of depression in a non-patient population," *Australian & New Zealand Journal of Psychiatry* 50, no. 9 (September 2016): 858–65.

慾[20]——族繁不及備載。此外，安慰劑也具有潛在的治療益處——包括治療疼痛與多種其他疾病。舉例來說，安慰劑對憂鬱症的影響十分顯著；據估計，大部分服用抗憂鬱藥物的患者之所以病情改善，八十%可歸功於安慰劑效應。[21]安慰劑還能暫時改善複雜的神經疾病症狀，例如帕金森氏症[22]與癲癇[23]。不可思議的是，安慰劑手術（僅切開身體，沒有真的動手術）曾成功減輕骨關節炎[24]和半月板撕裂[25]等疾病的症狀。

許多科學家都同意，安慰劑效應是比較令人驚訝且難以解釋的科學現象之一。另一方面，對於想要判斷「真正的」治療是否有用的研究者來說，安慰劑效應是個麻煩。患者可能會因為期待自己服用的物質對身體有益，而產生安慰劑效應，所以我們必須排除安慰劑效應，才能確定治療的真實效果。換句話說，為了確定藥物的療效，必須將藥物可能引發的安慰劑效應納入考量。

▼反安慰劑效應

講到「期待」對治療與健康的影響，還有另一個重要考量，也是安慰劑效應的邪惡雙胞胎兄弟：反安慰劑效應（nocebo effect）。nocebo源自拉丁語的nocere，意思是「傷害」。反安慰劑效應指的是，對治療抱持負面期待，進而引發有害的影響，而且這些影響並非來自治療本身。臨床試驗觀察到反安慰劑效應的情況，通常是受試者不知道自己

18 E. Rogev and G. Pillar, "Placebo for a single night improves sleep in patients with objective insomnia," *The Israel Medical Association Journal* 15, no. 8 (August 2013): 434–38.

19 S.J. Lookatch, H.C. Fivecoat, and T.M. Moore, "Neuropsychological Effects of Placebo Stimulants in College Students," *Journal of Psychoactive Drugs* 49, no. 5 (November–December 2017): 398–407.

20 V. Hoffmann, M. Lanz, J. Mackert, T. Müller, M. Tschöp, and K. Meissner, "Effects of placebo interventions on subjective and objective markers of appetite: a randomized controlled trial," *Frontiers in Psychiatry* 18, no. 9 (December 2018): 706.

21 Kirsch, B.J. Deacon, T.B. Huedo-Medina, A. Scoboria, T.J. Moore, and B.T. Johnson, "Initial severity and antidepressant benefits: a meta-analysis of data submitted to the Food and Drug Administration," *PLoS Medicine* 5, no. 2 (February 2008): e45.

22 C.G. Goetz, J. Wuu, M.P. McDermott, C.H. Adler, S. Fahn, C.R. Freed, R.A. Hauser, et al."Placebo response in Parkinson's disease: comparisons among 11 trials covering medical and surgical interventions," *Movement Disorders* 23, no. 5 (April 2008): 690–99.

23 S. Rheims, M. Cucherat, A. Arzimanoglou, and P. Ryvlin, "Greater response to placebo in children than in adults: a systematic review and meta-analysis in drug-resistant partial epilepsy," *PLoS Medicine* 5, no. 8 (August 2008): e166.

24 J.B. Moseley, K. O'Malley, N.J. Petersen, T.J. Menke, B.A. Brody, D.H. Kuykendall, J.C. Hollingsworth, et al., "A controlled trial of arthroscopic surgery for osteoarthritis of the knee," *New England Journal of Medicine* 347, no. 2 (July 2002): 81–88.

25 R. Sihvonen, M. Paavola, A. Malmivaara, A. Itälä, A. Joukainen, H. Nurmi, J. Kalske, et al.; Finnish Degenerative Meniscal Lesion Study (FIDELITY) Group, "Arthroscopic partial meniscectomy versus sham surgery for a degenerative meniscal tear," *New England Journal of Medicine* 369, no. 26 (December 2013): 2515–24.

服用的是安慰劑還是藥物。〔26〕有些患者不知道自己服用的是安慰劑，卻回報了與藥物相同的副作用。〔27〕這一點與安慰劑效應相似，預期會有副作用的患者更有可能出現副作用——無論他們服用的是真藥還是沒有藥效的物質。

有項研究調查了服用非那雄胺（finasteride，柔沛〔Propecia〕的主要成分）治療良性攝護腺肥大的患者——老年男性罹患這種疾病的比例很高，症狀包括排尿困難、頻尿、尿液無法排空等等（令人特別不適的三種症狀）。非那雄胺的副作用與性功能有關，例如勃起障礙、性慾衰減等等，但有些研究者懷疑，反安慰劑效應或許會影響副作用的發生頻率。

為了驗證這個假設，科學家讓一百二十名男性服用非那雄胺治療攝護腺症狀，但是他們只告訴半數受試者，副作用可能包括性功能障礙。因此有一半受試者相信，他們或許會遇到某種程度的性功能障礙，另外一半則沒有這種預期。結果證明，副作用是否出現，「期待」扮演了關鍵角色——對性功能副作用「知情組」的受試者之中，出現性功能障礙的人數是「不知情組」的三倍。〔28〕

因此，期待是安慰劑與反安慰劑效應的主要原因：一旦相信一件事情會以某種方式影響我們，這件事就更有可能產生符合我們預期的影響。如前所述，這些現象不只是心理作用。大腦和身體功能的明顯變化都與這些現象有關。心因性死亡的背後，有沒有可能存在著類似的期待機制呢？很可惜，目前還沒有明確的答案。但心因性死亡、安慰劑與反安慰劑效應的相關證據都顯示，信念的力量會影響身體功能，這一點無庸置疑。

信念可改變身體運作機制，這個可能性突顯出一個重點：我們的身與心並非互不相干的兩個世界。我們經常強調心理症狀和生理症狀的區別，彷彿大腦及大腦產生的思考模式都和我們的身體無關。然而，現在神經科學家已經知道，身體和大腦一直都在互相影響，兩者之間頻繁互動對我們的整體功能至關重要。這一層認識正在幫助科學家以更全面的方式，去了解大腦與身體的互動——包括它們彼此以及它們與周遭環境的互動

26 不讓受試者知道他們服用的是藥物還是安慰劑，是臨床試驗的常見作法，這叫做盲法試驗（blinding）。使用盲法試驗的原因很多，其中一個是為了避免安慰劑效應的影響。如果不使用盲法試驗，知道自己服用真藥的受試者，可能會因為期待正面作用，而產生更顯著的安慰劑效應。相反地，知道自己服用的不是真藥的受試者，對效果期待很低，進而降低了安慰劑效應。因為安慰劑效應會放大藥物的效果，兩組受試者之間的差異，會導致藥物的真實效果難以評估。讓兩組受試者保持相同期待，研究者可以假設兩組的安慰劑效應程度相似，如此便能排除安慰劑效應、確定藥物的整體效果。

27 W. Häuser, E. Hansen, and P. Enck, "Nocebo phenomena in medicine: their relevance in everyday clinical practice," *Deutsches Ärzteblatt International* 109, no. 26 (June 2012): 459–65.

28 N. Mondaini, P. Gontero, G. Giubilei, G. Lombardi, T. Cai, A. Gavazzi, and R. Bartoletti, "Finasteride 5 mg and sexual side effects: how many of these are related to a nocebo phenomenon?," *The Journal of Sexual Medicine* 4, no. 6 (November 2007): 1708-12.

——這有助於治療因為預設大腦與身體各自為政而長期受到誤解的病症。

▼功能性神經障礙

二〇一九年八月，九歲的阿富汗女童米娜（Mina）在希臘的難民營目睹了殘暴的刺傷事件。在那之前幾年，米娜已經過得很辛苦。二〇一五年，她在阿富汗的一起爆炸事件中受了傷，哥哥則是不幸喪生。接下來的兩年，為了修復爆炸造成的腿傷必須接受治療（包括多次手術），她和家人聚少離多。治療結束後她仍然不良於行，必須坐在輪椅上。當她終於跟家人團聚時，他們住的不是原來的家，而是條件非常惡劣的難民營。

這些苦難米娜都撐過去了，但目睹刺傷事件似乎是壓垮她心理耐受力的最後一根稻草。那場暴力事件後，她變得極度焦躁，無法冷靜下來。她大聲尖叫、渾身發抖，不斷重複說自己不想死。

米娜後來恢復平靜，但行為卻依舊反常。刺傷事件後的那幾天，她變得非常孤僻，甚至不說話。後來她閉上眼睛，對外面的世界毫無反應。她躺在床上，好像處於半昏迷狀態。父親用手餵她吃飯時，她會吞嚥食物，但這似乎是她與外在環境僅有的互動。

就這樣過了大概一個月，米娜被送進雅典的一家醫院。入院時她依然不言不語、毫無反應。她的生命跡象很正常，反射也都正常。醫生試著藉由觸發疼痛來檢查她的意識受損程度，例如用力按壓她的指甲甲床，或用手指捏住她的下巴兩側向內施力（這兩種方法都經常用來測試昏迷患者的疼痛反應）。昏迷患者通常不會對這些檢查產生反應。但米娜有疼痛反應，這表示她沒有昏迷——至少不是典型醫學定義上的昏迷。

就這樣又過了幾個月，米娜一直處於類似睡著的狀態。到了二〇二〇年二月初，她已經毫無反應超過五個月。醫生為她做了個簡單的手術，解決一個看似與昏迷無關的問題。然後，米娜醒了。手術後不到一個星期，她再次睜開雙眼。她漸漸察覺周遭環境，而且很快就開始與家人交談。米娜說她對昏迷六個月的事一點印象也沒有。〔29〕

米娜的情況醫學界稱為**功能性昏迷**（functional coma）。她沒有碰到導致昏迷的外傷、疾病或腦傷，醫生也找不到會讓她失去反應的生理原因——偏偏所有跡象都顯示她屬於非自主昏迷。〔30〕動手術似乎誤打誤撞幫米娜脫離了昏迷狀態，但醫生也不知道為什麼。

29 G. Makris, N. Papageorgiou, D. Panagopoulos, and K.G. Brubakk, "A diagnostic challenge in an unresponsive refugee child improving with neurosurgery-a case report," *Oxford Medical Case Reports* 2021, no. 5 (May 2021): 161–64.

30 有趣的是，醫生發現，這種類型的心理退縮狀態，較有可能發生在心理受創的兒童與青少年身上，尤其是像米娜這樣的難民。這種人類尚未了解的情況叫做放棄生存症候群（resignation syndrome）。

米娜的功能性昏迷是一種奇特的病症，現在叫做功能性神經障礙（functional neurological disorder），簡稱ＦＮＤ。ＦＮＤ直到二〇一三年才有正式的診斷定義，過去它有過幾個名稱，例如歇斯底里症（hysteria）、轉換症（conversion disorder）與心身症（psychosomatic illness）等等。ＦＮＤ患者的症狀——例如身體虛弱或癱瘓、震顫、視覺障礙、甚至癲癇發作——通常都是神經系統異常造成的。可是在ＦＮＤ患者身上，這些症狀與任何會影響神經系統的已知疾病之間，並沒有明顯的關聯。

研究顯示ＦＮＤ患者身上的症狀真實無比，但由於症狀的源頭很難鎖定，因此長久以來，ＦＮＤ患者的症狀都被當成「是他們自己想像出來的」。遭受過這種無情對待的ＦＮＤ患者不計其數，有研究發現，超過三分之一的神經科病患，身上有無法溯源至已知疾病的症狀[31]，ＦＮＤ是目前神經科診所相當常見的診斷（通常僅次於頭痛）。[32]這實在令人不寒而慄：只是因為患者的症狀不屬於現有的任何診斷類別，醫生就決定無視他們的症狀，患者累積的心理壓力肯定非常巨大。不過，最近有研究在ＦＮＤ患者的大腦功能找到明顯異常，這樣的研究結果有助於說服醫生相信，ＦＮＤ也應像其他神經系統疾病予以治療。

例如，ＦＮＤ患者有自主感（sense of self-agency）異常的情況，自主感是指我們感覺自己的行為或思想都是由自己製造出來的。自主感異常會使ＦＮＤ患者覺得自己的某些行為並非出於自主，即使這些行為是他們可以自己掌控的。

舉例來說，有些ＦＮＤ患者會有醫生找不到原因的震顫症狀，叫做**功能性震顫**（functional tremor）。但是已有研究發現，功能性震顫發生時，與自主運動有關的神經路徑裡能觀察到大腦活動〔33〕，這意味著震顫是患者的自主行為——儘管他們自己沒有意識到這件事。自主感受損或許也能用來解釋ＦＮＤ的其他現象，例如長期抑制身體行動，就像米娜一樣。

此外，許多ＦＮＤ患者缺少調節情感的能力。這可能包括容易產生強烈的情感反應，以及很難壓抑不適當的情感。在大腦裡，這些失調的情感反應，都與杏仁核之類的區域活動增加、前額葉皮質活動減少有關，前額葉皮質（前一章討論過）可以藉由抑制杏仁

31 T.J. Snijders, F.E. de Leeuw, U.M. Klumpers, L.J. Kappelle, and J. van Gijn, "Prevalence and predictors of unexplained neurological symptoms in an academic neurology outpatient clinic—an observational study," *Journal of Neurology* 251, no. 1 (January 2004): 66–71.

32 J. Stone, A. Carson, R. Duncan, R. Roberts, C. Warlow, C. Hibberd, R. Coleman, et al., "Who is referred to neurology clinics?—the diagnoses made in 3781 new patients," *Clinical Neurology and Neurosurgery* 112, no. 9 (November 2010): 747–51.

核來控制過量的情感。[34]

有人認為ＦＮＤ患者的強烈情感反應，或許會干擾大腦正確判斷身體功能的能力。因此大腦誤以為身體功能的某個方面受損，這個誤會強烈到即使身體發出一切運作如常的訊號，也都被大腦無視了。結果就是大腦認為身體功能異常，儘管身體毫髮無傷，大腦還是命令身體按照它的誤會採取行動。

以米娜的案例來說，劇烈的心理壓力與情緒調節能力受損有關，可能導致大腦對她的身體應當如何運作，做出了誤判。於是她的大腦強迫身體做出與它的預測相符的行為。或許米娜會出現如此極端的反應，就是對應於她所遭遇的嚴重創傷，才會導致身體長時間關機。

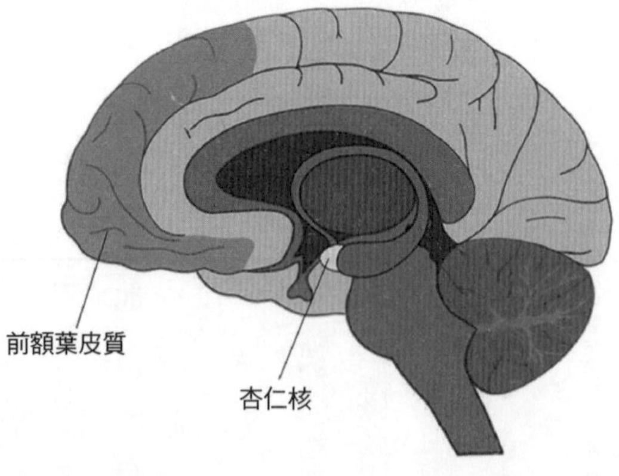

這張圖片裡的前額葉皮質角度和之前的圖片不一樣，因為這裡展示的是大腦的內部，就像把大腦從中間劈成兩半（唯有如此才能看見杏仁核）。之前的圖片展示的是前額葉皮質在整個大腦裡的位置。

• • •

ＦＮＤ患者的大腦裡到底發生了什麼事，相關假設以猜測成分居多，但是ＦＮＤ提醒著神經科學（以及醫療衛生科學），不要忘記大腦與身體的關係密不可分，時刻都在相互影響。身心健康分開討論的時代已經過去了。無論是我們理解周遭世界的能力，還是理解身體機制的能力，都需要仰賴身與心緊密連繫。

像米娜這樣的案例，也突顯出信念對大腦和身體的運作有多重要，因為ＦＮＤ是信念受到干擾的終極表現。ＦＮＤ患者失去了建構正確信念的能力，例如誤判自己的自主感和生理功能，因而對健康產生重大衝擊。因此，如同我們在這一章看見的案例，信念可能會帶來許多驚人的結果，例如服藥後症狀改善、對身體的掌控感變弱——甚至可能影響你的壽命。

33 V. Voon, C. Gallea, N. Hattori, M. Bruno, V. Ekanayake, and M. Hallett, "The involuntary nature of conversion disorder," *Neurology* 74, no. 3 (January 2010): 223–38.

34 D.L. Drane, N. Fani, M. Hallett, S.S. Khalsa, D.L. Perez, and N.A. Roberts, "A framework for understanding the pathophysiology of functional neurological disorder," *CNS Spectrums* (September 2020): 1–7.

CHAPTER 8

有口難言

COMMUNICATION

剛進入二〇一〇年代的某個四月早晨，天氣晴朗，阿納夫（Arnav）坐下來看報紙，手邊放著一杯熱茶——這是他十多年來每天早上的習慣。他把身旁的窗戶打開一些，稍微通通風。德里（Delhi）今天好像會很熱，就像前天和大前天一樣。沒有任何跡象顯示，這個早晨有什麼特別之處。

然而，阿納夫打開報紙之後，情況急轉直下，變得荒誕離奇。他驚愕地看著報紙上的文字，先是困惑不已——然後非常慌張。他不識字。五十五歲的阿納夫受過大學教育，開始識字至今都有五十年了，但這天早上報紙上的文字，他一個也不認得。

他放下報紙走到水槽旁邊，往臉上潑冷水。他揉揉眼睛，在廚房裡走來走去。說不定只是暫時的——來得快，去得也快。就是那種常發生在中老年人身上的大腦功能異常吧，畢竟他也上了年紀。

他坐下來重新拿起報紙，依然目不識丁。他把注意力集中在字母上。他發現字母分開來，他都看得懂，可是拼成文字就成了天書。

阿納夫起身走出家門，也許散散步能幫他釐清思緒。但是走著走著，看到路標、招牌、路人衣服上的文字後，他發現這個新毛病不限於報紙，這使他更加焦躁難安。驚慌的阿納夫來到醫院。一開始醫生認為是視覺出了問題。但眼科醫生說阿納夫的視覺很正常，於是把他轉去神經科。

神經科醫生幫阿納夫檢查時，發現了一個新的變化。為了測試阿納夫的問題有多嚴重，醫生給他一支鉛筆，請他寫下他為什麼會碰到這種情況。起初阿納夫覺得很好笑——他不識字，怎麼可能會寫字？可是當他拿起鉛筆，寫字對他來說居然出奇容易。他快速寫下：「我會寫字，但是我不識字。」

神經科醫生請他念出剛才寫的那句話，他做不到。醫生認為阿納夫的問題不是單純的視覺缺陷，於是安排他做磁振造影檢查，結果顯示這是中風的後遺症。〔1〕

▼會寫字的文盲

與視覺受損無關的後天閱讀障礙叫做失讀症（alexia），雖然不常見，但中風有可能導致失讀症。失讀症患者通常也有書寫障礙——這叫做失寫症（agraphia）。阿納夫

1 B. Sharma, R. Handa, S. Prakash, K. Nagpal, I. Bhana, P.K. Gupta, S. Kumar, et al., "Posterior cerebral artery stroke presenting as alexia without agraphia," *The American Journal of Emergency Medicine* 32, no. 12 (December 2014): 1553.e3-4.

沒有失去書寫能力，因此他的情況叫做純失讀症（alexia without agraphia）。

純失讀症很罕見，關於原因也存在著許多疑問。但主要的假設是：純失讀症與大腦裡視覺字形處理區（Visual Word Form Area，簡稱VWFA）的視覺輸入受阻有關。據信VWFA是辨認文字的關鍵。VWFA涵蓋大腦皮質的一個小區域，位置在大腦後方，靠近枕葉與顳葉的交界。二〇〇〇年代初至今的研究所累積的證據顯示，VWFA在我們閱讀的時候很活躍，而書寫或聆聽口語時不太活躍。〔2〕

VWFA運作之前，必須先從視覺皮質（visual cortex）取得視覺資訊，視覺皮質位於枕葉，大腦處理視覺的主要區域都在這裡。每當我們看到一個字，視覺皮質就會生成這個字的圖像，然後把這個資訊傳到VWFA，進而辨認出這個字。

阿納夫的中風原因可能是後大腦動脈阻塞，這條動脈是枕葉主要的供血管道。因此，阿納夫的視覺皮質失去了血液供應，導致這個區域喪失部分功能。於是阿納夫的視覺皮質無法為VWFA提供視覺資訊，原本可以為他翻譯的大腦區域「看不見」這些文字——這使他失去閱讀能力。不過，他

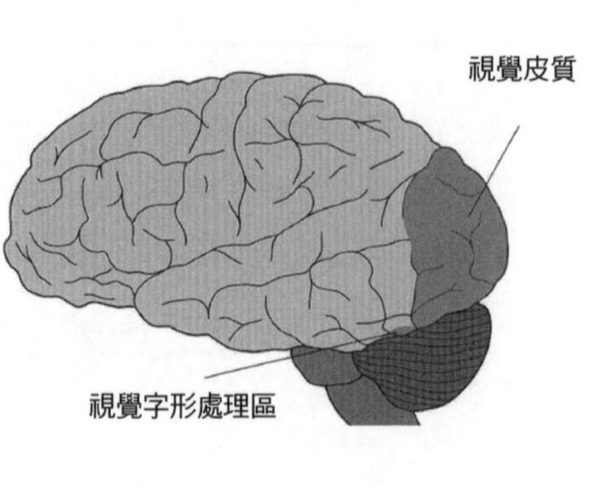

大腦裡產生語言的區域，和寫字需要的動作區域仍然保持連繫，因此他沒有失去書寫能力。

▼語言神經科學的昔與今

關於VWFA專司某個語言面向（也就是閱讀）的假設，突顯出語言神經科學的一個重要觀念：語言是一種複雜功能，需要多種個別任務互相配合才能達成。例如，說一個簡單的句子需要連續完成一系列操作，包括選取單字、運用句法（單字在句子裡的排列規則）、協調與說話有關的肌肉活動、在適當的地方改變語氣和聲調等等。這每一項任務都可能需要大腦不同區域參與，所以語言能力要完整展現，需仰賴許許多多的大腦區域正常發揮功能。

不過，從古至今，神經科學家一直不是用這種方式看待語言。關於大腦如何處理和產生語言，這方面研究在過去長期由某個觀點主導，直到最近才改變。這個舊有觀點將語言分為兩大領域：一是產生語言，一是理解語言。大腦中掌管產生語言的稱為**布羅卡**

2 B.D. McCandliss, L. Cohen, and S. Dehaene, "The visual word form area: expertise for reading in the fusiform gyrus," *Trends in Cognitive Sciences* 7, no. 7 (July 2003): 293–99.

區（Broca's area），掌管理解語言的稱為韋尼克區（Wernicke's area），這兩個腦區分別以十九世紀發現它們的神經科學家命名：前者是保羅・布羅卡（Paul Broca），後者是卡爾・韋尼克（Carl Wernicke）。連接布羅卡區與韋尼克區的是一束叫做弓狀束（arcuate fasciculus）的神經元[3]，傳統（但現在已過時）的神經科學語言觀念認為，這三個結構所形成的系統，可用來解釋溝通的大部分關鍵功能。

在這個模型裡，韋尼克區從聽見的語言裡提取意義，也為意圖要說出的語言賦予意義。布羅卡區參與刺激大腦裡的特定區域，這些區域會啟動說話需要的肌肉（例如嘴巴、喉嚨、呼吸肌）。弓狀束連接韋尼克區與布羅卡區，使它們攜手合作，一起產生語言和理解語言。

時至今日，這個模型看起來殘缺到可悲的程度。會出現這樣的評論，部分是因為現代神經科學已經發現，有好幾個腦區都和語言有關（例如VWFA）。很多時候，這些區域都以非常具體的方式參與語言功能。

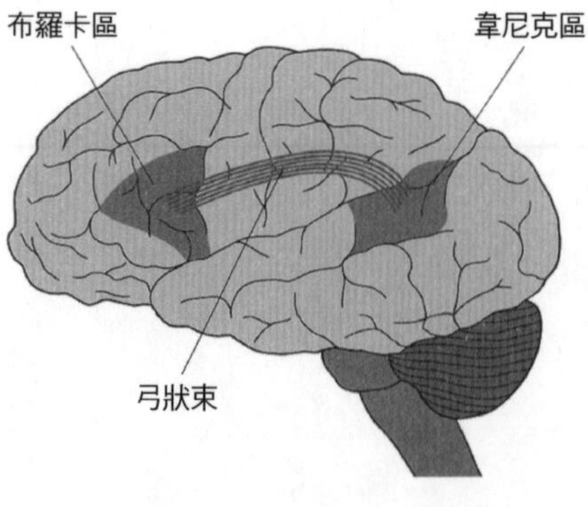

古典語言模型（現已過時）的大腦區域

話雖如此，我不希望讀者以為語言是不同腦區各自獨立作業的結果。恰恰相反，這些區域不斷互動溝通，而這些溝通對健康的語言功能至關重要。因此現在的神經科學家認為，語言是需要龐大的神經元網絡合作才能完成的任務。用這種網絡模型來解釋語言能力會發生一件有趣的事，那就是這張網絡只要有一個零件受損，就可能使語言能力失去某個元素，進而造成獨特的缺陷。

▼腦炎後的失語症

一九九五年夏末，二十五歲的米卡（Mica）被送進了醫院，症狀是發燒與嚴重嗜睡。[4]當然，發燒時昏昏欲睡並不奇怪，可是米卡的嗜睡程度令人擔憂。在醫生短暫的問診過程中，她幾乎無法保持清醒，這意味著米卡的問題要比單純的流感嚴重許多。

醫生懷疑米卡的神經功能受到損傷，所以用磁振造影取得她的大腦影像。他們發

3 fasciculus是「束」的意思，神經科學有時會用這個字來形容一束神經元。arcuate的意思是「弧形」，因此arcuate fasciculus直譯的意思是「弧束」。

4 B. Okuda, K. Kawabata, H. Tachibana, M. Sugita, and H. Tanaka, "Postencephalitic pure anomic aphasia: 2-year follow-up," *Journal of the Neurological Sciences* 15, no. 187(1-2) (June 2001): 99–102.

現她的顳葉有受傷的跡象，主要是在左腦半球。進一步檢查顯示，米卡的腦傷原因可能是**單純疱疹腦炎**（herpes simplex encephalitis）。

單純疱疹是一種受到單純疱疹病毒感染的疾病，會引發多種症狀——常見的症狀之一是長瘡，會出現在嘴巴（唇疱疹）或生殖器（生殖器疱疹）附近。疱疹病毒極為普遍，五十歲以下的成年人之中，超過六十%帶有會導致唇疱疹症狀的病毒，超過十%帶有會導致生殖器疱疹的病毒。〔5〕不過，我們通常不會發現有這麼多人身上帶有疱疹病毒，因為疱疹的隱藏能力超凡拔群，會在宿主體內靜靜等待甦醒和傳染下一個宿主的機會。疱疹是會讓人在接吻……或做其他「事情」之前，再三考慮對方是否安全的病毒。

疱疹通常躲在感染原點附近的感覺神經元裡，有時它也會利用這些神經元偷偷溜進大腦。在罕見的情況下，疱疹會感染大腦、導致大腦發炎，也就是腦炎。〔6〕

發炎是免疫系統面對感染或受傷的標準反應。當你不小心敲到腳趾，腳趾變得紅腫熱痛，就是因為發炎的關係。這些症狀是免疫系統的無心之過，它把充滿免疫細胞的血

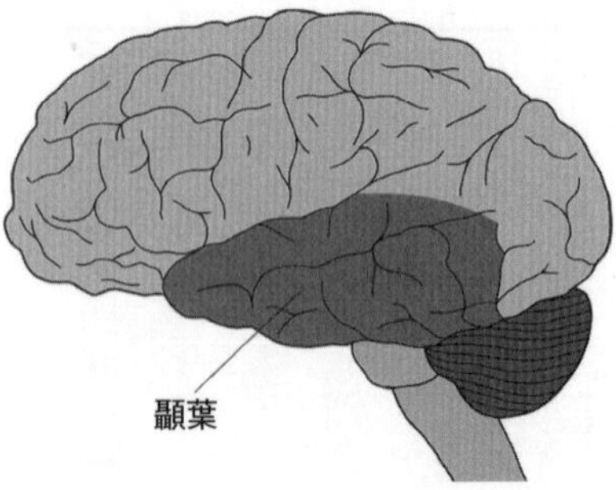

液快速送到組織受傷的地方（感染機率較高），向入侵的細菌開戰。

病原體進入大腦也會引起發炎反應，帶來意想不到的結果，例如對神經元造成附帶傷害——過度興奮的免疫系統為了消滅敵人不惜一切代價，連神經元也成了受害者——以及大腦組織腫脹，也就是腦水腫（cerebral edema），這又使神經元面臨更多威脅。病原體造成的傷害加上發炎反應的影響，像疱疹病毒這樣普通的感染只要發生一次，就可能非常嚴重——甚至足以致命。以米卡為例，疱疹病毒進入她的大腦，隨之而來的感染與發炎反應，殺死了大量神經元。醫生為她靜脈注射抗病毒藥物，消炎之後，急性症狀也消退了。她接受治療大約一個月之後順利出院。

但米卡與病毒的戰鬥並未就此結束。在她初次入院的兩年後，她又回到急診室，症狀包括高燒、劇烈頭痛，還有幾個令人擔心的跡象，顯示病毒仍在影響大腦。醫生再次為她進行腦部磁振造影檢查，發現這次病毒造成了更多傷害。她的左顳葉嚴重萎縮，損失了大量神經元。

5 "Massive Proportion of World's Population are Living with Herpes Infection," World Health Organization, last modified May 1, 2020, https://www.who.int/news/item/01-05-2020-massive-proportion-world-population-living-with-herpes-infection.

6 可能引發腦炎的病毒有好幾種，單純疱疹是美國最常造成腦炎的病毒，每年會有多達數千例。

此外，米卡有一種新的、奇怪的語言障礙。她說起話來大致流暢，對別人說的話理解無礙，閱讀和書寫也沒有問題。可是，她對事物名稱的記憶力嚴重受損。

舉例來說，給米卡看鞋子的圖片，問她這是什麼東西，她記不起「鞋子」這個詞，而是將鞋子描述為「人類走路時會穿的東西」。無論醫生請她辨認什麼東西（動物、食物、衣服、交通工具等等），她都表現出相同的障礙。她不記得這些東西的名稱，但能詳細描述它們。

米卡罹患的是命名失語症（anomic aphasia）。anomia 直譯的意思是「沒有名字」，aphasia 一詞泛指語言障礙。命名失語症的患者在選取單字時有障礙，最顯著的表現是想不起名詞與動詞。他們通常可以描述物品，也可以用手勢輔助描述，所以仍可正常溝通——只是過程不太順暢。

大腦皮質的許多區域若是受損，都有可能導致命名失語症——至於具體上是哪個區域，要看患者表現出怎樣的障礙。選取動詞有困難，較有可能是靠近額葉的大腦皮質受傷；選取名詞有困難，受傷的地方應該是顳葉。還可以往下細分，例如若是顳葉裡的某個部位受傷，患者的障礙是說不出物品的名字；若是另一個部位受傷，患者較有可能說不出生物的名字，諸如此類。〔7〕

▼腦功能異常下的語言障礙

大腦功能異常所造成的語言障礙種類繁多，命名失語症和純失讀症只是其中兩種。有些患者雖然知道自己想說什麼，卻無法讓產生語言的肌肉正常發揮作用——這種障礙叫做**言語失用症**（apraxia of speech）。患者識字，但是正確發音有困難，說話時經常犯錯、咬字艱難。他們說話時，一個字經常要說很多次才能說對。不過這個障礙僅限於和說話有關的肌肉運動。順帶一提，說話需要的肌肉運動比你想像的複雜許多：參與說話的肌肉超過一百條，包括嘴唇、舌頭、喉嚨、臉頰與下巴等部位的肌肉。

有些患者的問題正好相反：他們話太多。例如**亂語症**（paraphasia），說話輕鬆不費力，卻充滿亂七八糟的音節、單字或詞彙；這些不必要的語言元素使他們說起話來顛三倒四。另一種情況類似說話版的抽搐，叫做**模仿言語**（echolalia），患者會不自覺重複說過的話——包括別人說過的話和自己說過的話。還有一種情況你或許早已熟悉，只是不知道它叫做**穢語症**（coprolalia），患者會不自覺出口成髒、或說出不恰當的評論，你很

7 H. Damasio, "Neuroanatomical Correlates of the Aphasias," in *Acquired Aphasia*, ed. M. Sarno (New York: Academic Press, 1998), 43–68.

有可能在電影或電視節目裡看過這種症狀——抖音和其他社交媒體上，也有不少記錄自己如何努力與穢語症共存的患者。有很多人認為穢語症與妥瑞症（Tourette's syndrome）有關，其實妥瑞症患者裡只有不到二十%有穢語症。〔8〕不過，穢語症也可能伴隨其他疾病發生，同時也是罕見的中風後遺症。

類似的各種問題也會發生在書寫溝通上。大腦的語言區域受傷，可能會讓人突然失去書寫溝通能力，或是看不懂書面文字。還有書寫版的亂語症，患者寫字的時候會不自覺加入不需要的單字、音節或字母——但是口語溝通能力依然正常。

例如有一種情況叫做多寫症（hypergraphia），患者拿起筆就會寫個不停。有個多寫症的中風患者在醫生詢問他的情況時，拿起鉛筆在紙上寫道：「不要建議。你不公平。我不在乎你知不知道自己是否公平。你應該把建議用在更有意義的事情上。」他就這樣洋洋灑灑寫了三頁完全不相干的內容。有一天，醫生請他寫下他家地址。他無視醫生的要求，用了整整三頁描述自己患病的過程。〔9〕此類患者通常都能正常說話，交談起來溝通無礙，但寫字就成了胡說八道。

神經受損之後可能出現的語言障礙確實五花八門，這突顯出語言本身以及和語言相關的大腦網絡非常複雜。神經科學家已經知道語言網絡遍布整個大腦，每個區域都參與其中。但是我在前面也曾提過，過往的神經科學對語言充滿誤解，語言被認為與其中一個半腦幾乎（或完全）無關，並不是多久以前的事。

▼左右腦對語言能力同等重要

長久以來，神經科學的語言研究，有個奇怪的觀察結果不斷重複出現：多數人的語言能力特別依賴左腦半球的活動。一八〇〇年代中期，前面提過的保羅・布羅卡率先發現左腦在語言功能上扮演主力，他觀察到一個可靠的模式：失去語言能力的患者，左腦都有損傷。[10]布羅卡相當驚訝，因為在這之前，大家都以為左右半腦的結構與功能毫無二致。

但布羅卡的研究指出，左腦半球在語言方面扮演更重要——或「優勢、主導」

8 R.D. Freeman, S.H. Zinner, K.R. Müller-Vahl, D.K. Fast, L.J. Burd, Y. Kano, A. Rothenberger, et al., "Coprophenomena in Tourette syndrome," *Developmental Medicine and Child Neurology* 51, no. 3 (March 2009): 218–27.

9 A. Yamadori, E. Mori, M. Tabuchi, Y. Kudo, and Y. Mitani, "Hypergraphia: a right hemisphere syndrome," *Journal of Neurology, Neurosurgery and Psychiatry* 49, no. 10 (October 1986): 1160–64.

10 S. Finger, "Paul Broca (1824–1880)," *Journal of Neurology* 251, no. 6 (June 2004): 769–70.

（dominant）——的角色。後續發現的證據也都支持這個觀點，直到今日。左腦半球受傷（例如中風）很有可能嚴重阻礙語言構成或理解。右腦半球受傷也會引發與右腦相關的問題，但造成語言障礙的可能性較低。

基於這些觀察結果，多年來右腦半球被認為和語言無關。但是隨著人類探索大腦功能的能力日益精進，研究者發現右腦半球在語言方面的參與，超乎原本的想像。比如說，我們現在知道右腦半球確實具備理解語言的能力。此外，我們處理語言較細微的部分時，右腦半球才是關鍵，例如說話時語氣和節奏的使用與理解，也就是語言學家所說的韻律（prosody）。

少了韻律，說話會沒有抑揚頓挫與輕重的變化。其中一個後果是語言失去傳達情感的能力。以六十三歲的查理（Charlie）為例，中風對他的右腦半球造成相當的傷害。〔11〕查理中風後，醫生立刻發現他的說話方式不太對勁。他說話時語氣單調，態度漠然，不帶一絲情感——他像是自己人生的旁白，而不是參與者。他說話時也不使用任何手勢。

當查理說起那些能讓多數人感動或激動的事情時，這種情感上的漠然變得更加明顯。例如他描述從軍時曾在德國解放了集中營，語氣平淡猶如描述洗牙的經過。談到兒子去年遭到槍殺身亡的語氣，彷彿這件事跟上超市購物一樣稀鬆平常。

查理再怎麼努力，也模仿不了悲傷或憤怒等情感。醫生要求他試試看，結果他只是音量大了些——語氣依然平淡漠然。

查理的情況叫做**失語韻能**（aprosodia），患者有說話的能力，但無法加入抑揚頓挫；多數患者察覺不到或理解不了別人聲音裡的情感——儘管他們體驗情感的能力並未受損。這嚴重削弱他們參與有意義對話的能力，因為情感豐富的語調在人際互動上發揮極重要的作用。

失語韻能的患者，不僅表達情感有困難，在與韻律相關的各個方面其實都有障礙。語言的意義常需要透過速度、聲調或音量來傳遞，但他們這方面的能力已經受損。當別人試著與他們溝通時，他們同樣難以理解對方語言裡的這些元素。這使他們面臨溝通障礙，也突顯出韻律在語言裡非常重要。

舉例來說，句尾只要提高聲調，就能暗示這是疑問句，語言學家稱之為**句尾升調**（high rising terminal），這件事你應已做過無數次。想像一下你說「這場會議不提供咖啡？」時將句尾聲調上揚，就能表達這是問句。但失語韻能患者察覺不到聲調變化，所以聽不

11 E.D. Ross, "The aprosodias. Functional-anatomic organization of the affective components of language in the right hemisphere," *Archives of Neurology* 38, no. 9 (September 1981): 561–69.

出這是問句——在他們聽來，這是一個陳述句。他們會以為你想表達這場會議不提供咖啡，而不是在向他們提問。同樣地，他們也分不清單字重音的位置。例如object當動詞是「反對」的意思，重音放在後面（obJECT）；當名詞是「物體」的意思，重音放在前面（OBject）。當服務生端茶給你時，你會說：「我點的是咖啡。」（用聲調或音量強調咖啡一詞），這種出於其他原因的強調語氣，失語韻能的患者也無法分辨。當然，更別指望他們能明白冷嘲熱諷。

失語韻能通常是右腦半球受傷造成的，這個現象加上其他證據，意味著韻律是由右腦負責。因此語言研究者認為，右腦半球在非口語表達的許多方面舉足輕重（例如聲調和語氣變化）。但最近也有研究指出，右腦半球其實參與了「典型」的語言任務，例如理解、語言習得、字詞辨認等等。〔12〕

所以，現在學界已經認可，右腦半球在語言能力上同樣扮演重要角色——只是功能與左腦半球不同。不過，有些最顯著的語言障礙，仍是發生在左腦半球受傷之後。右腦半球對韻律來說特別重要，但左腦半球受傷也可能破壞語言的產生模式——以一種比較離奇的方式。

▼植牙後突然有了外國口音

二〇〇九年，凱倫．巴特勒（Karen Butler）做了植牙手術，這種手術很普遍，牙齒因為老化或受傷等各種原因而脫落也不用怕，換上能用一輩子的假牙就行。凱倫選擇了「舒眠麻醉」而不是全身麻醉，也就是藉由藥物進入鎮靜狀態，患者仍意識清醒，但事後對植牙過程幾乎沒有記憶。

手術似乎相當順利，凱倫的牙醫不覺得有碰到任何困難。麻醉漸漸消退，凱倫的嘴巴又痛又腫，這在預期之內。但凱倫還發現一件事，那就是她的聲音聽起來有點……好笑。牙醫要她放心，這是因為嘴巴腫脹的關係，幾天後聲音就會恢復正常。

可是沒有。嘴巴消腫之後，凱倫的聲音依然非常奇怪。她在伊利諾州出生，在俄勒岡州長大（植牙的時候，仍住在俄勒岡州）。她出國的次數不多，只去過墨西哥幾次，去過加拿大一次。但是植牙之後，她說話顯然帶有某種口音。

凱倫以為只要再等等，這個全新的——而且是不由自主的——口音會慢慢消失。可

12 A.K. Lindell, "In your right mind: right hemisphere contributions to language processing and production," *Neuropsychology Review* 16, no. 3 (September 2006): 131–48.

是她沒有等到，只好被迫適應它。她的口音與任何一個國家的母語人士都不一樣。事實上，聽起來有點像英國加上愛爾蘭，甚至再混一點點外西凡尼亞。不管像哪裡，有件事是肯定的：凱倫有外國口音，不像俄勒岡州居民。

凱倫雖然震驚，但已學會接納自己的新口音。她說聊天時這是很好的開場白，把她從害羞、內向變得開朗活潑，可以更自在地談論自己。〔13〕

醫生診斷凱倫得了罕見的**外國口音症候群**（foreign accent syndrome，簡稱FAS）。FAS最早發現於一九〇〇年代初期，在那之後，醫生只看過一百多個案例。〔14〕通常患者是在遭受腦部創傷之後（例如中風或外傷），才出現類似外國腔調的口音。以凱倫的案例來說，醫生認為她可能在麻醉的作用下，經歷了一次小中風——程度非常輕微，除了改變她的口音之外，沒有留下其他長期症狀。

大部分的FAS患者過去都不曾與自己的新口音有過接觸。〔15〕事實上，FAS患者的口音並非外國口音，因為這種「口音」並非模仿某個既有的語言。它似乎是發音、語速、韻律和其他說話模式同時受到干擾，才營造出說話的人帶有外國口音的印象。FAS經常與左腦半球參與說話的運動區域受傷有關，例如喉頭的肌肉啟動，還有舌頭與嘴唇的運動等等。〔16〕

有些ＦＡＳ患者表現的症狀，令人懷疑並非來自單純的腦傷。例如口音變來變去——有些單字有口音，有些沒有，或是口音又突然改變，特徵與之前截然不同。有些患者說話時表現出的異常，在語言學家聽來像是刻意模仿外國口音，例如偶爾（不是每次）漏掉動詞進行式後面的ing，或是莫名其妙在某些單字後面加個「Ｓ」。〔17〕

研究者認為這些案例不僅僅是神經系統有缺陷。他們認為心理因素——通常與精神疾病有關，或至少是會令精神狀況惡化的因素，例如巨大壓力——也會引發口語變化。這裡指的不是患者假裝自己有口音，而是他們正在承受某種心理創傷，但無法明確追溯到腦傷。有些案例或許在口音剛剛形成之前已有腦傷，但後來心理機制的影響漸漸超越

13 J. Greenhalgh, "A Curious Case of Foreign Accent Syndrome," NPR, June 1, 2011, https://www.npr.org/sections/health-shots/2011/06/01/136824428/a-curious-case-of-foreign-accent-syndrome.

14 S. Keulen, J. Verhoeven, E. De Witte, L. De Page, R. Bastiaanse, and P. Mariën, "Foreign accent syndrome as a psychogenic disorder: a review," *Frontiers in Human Neuroscience* 10 (April 2016): 168.

15 P. Mariën, S. Keulen, and J. Verhoeven, "Neurological aspects of foreign accent syndrome in stroke patients," *Journal of Communication Disorders* 77 (January–February 2019): 94–113.

16 Y. Higashiyama, T. Hamada, A. Saito, K. Morihara, M. Okamoto, K. Kimura, H. Joki, et al., "Neural mechanisms of foreign accent syndrome: lesion and network analysis," *Neuroimage: Clinical* 31 (2021): 102760.

17 L. McWhirter, N. Miller, C. Campbell, I. Hoeritzauer, A. Lawton, A. Carson, and J. Stone, "Understanding foreign accent syndrome," *Journal of Neurology, Neurosurgery and Psychiatry* 90, no. 11 (November 2019): 1265–69.

腦傷，加劇言語異常。

無論是什麼原因，FAS都顯示了典型的語言功能發生障礙時會有多奇怪。如同本章介紹的案例，語言的每一個層面，都有可能因為腦傷而失能或改變，令患者本身和他們身邊的人感到困惑。語言的豐富與生動是人類最偉大的成就之一，但語言極其依賴大腦也成了它的一大弱點。

CHAPTER

9

不疑有他

SUGGESTIBILITY

琳達（Linda）與母親同住，但她覺得這間公寓著實令人難以忍受。三年來，左右兩側的鄰居用音樂和音效轟炸她們母女倆，日夜無休——而且是高分貝。琳達說，左邊的鄰居不分晝夜播放像愛爾蘭民謠〈丹尼男孩〉（Danny Boy）之類的歌曲，右邊的鄰居則是不停播放嬰兒啼哭的錄音。

琳達與母親曾多次嘗試阻止鄰居的騷擾，她們經常三更半夜被吵醒，生活裡充滿噪音與痛苦。起初她們只是抱怨，請鄰居終止惡行。這些要求遭到無視之後，琳達和母親乾脆在音樂或聲響太大聲時（這種情況是家常便飯），用力敲打臥室的牆壁。

走投無路的琳達請姊姊喬蒂（Jodi）出面協調。喬蒂找琳達的鄰居談過之後，紛爭並未結束，因為她相信鄰居沒有做錯事。喬蒂說，鄰居都很驚訝——他們表示自己沒有播放音樂或錄音，並且反過來指控琳達與母親才是亂源，整個晚上都在敲打牆壁。最糟糕的是，喬蒂似乎相信鄰居，不相信自己的妹妹。

姊姊協調失敗後，鄰居變本加厲。他們似乎想要懲罰琳達，因為她把外人拉進這場紛爭。現在琳達就連不在家也能聽見音樂——有時甚至離家好幾公里也聽得到。

當然，琳達不可能離那麼遠還聽見鄰居播放的音樂，你大概已經猜到這是怎麼回事。琳達後來住進醫院，醫生認為她有妄想症與幻聽。折磨琳達的噪音根本不是鄰居製造的，這些噪音只存在她的腦袋裡。可是，這無法解釋為什麼她母親也聽到同樣的噪音。

事實上，一開始聽到噪音的人是琳達的母親，她經常在半夜叫醒琳達，要她聽聽這些惱人的噪音。最初琳達什麼也沒聽到。但是在母親反覆勸說下，她也開始清楚聽見噪音，甚至可以跟著音樂哼唱。

奇怪的是，琳達的母親去蘇格蘭探訪親戚的半年期間，琳達沒有再聽見噪音，但母親仍一直聽見。噪音揮之不去——她依然認為是鄰居的錯——儘管她遠在幾百公里之外。母親即將回家之際，琳達再次聽見噪音。

醫生最後判斷，琳達和母親碰到一種罕見的現象，叫做**雙人妄想症**（folie à deux）。[1]直譯的意思是「兩人的瘋狂」，意指兩個人有一樣的妄想型信念。這個詞發明於一八七〇年代，現在也有其他名稱，例如**共有型精神障礙**（shared psychotic disorder）或**誘發型精神障礙**（induced delusional disorder）。

雖然雙人妄想症通常一次影響兩個人，但也有人數更多的情況，有時甚至是全家人出現相同的妄想。這種情形叫做**家族妄想症**（folie à famille，字面上的意思是「家族的瘋

1 K. Dewhurst and J. Todd, "The psychosis of a association; folie à deux," *The Journal of Nervous and Mental Disease* 124, no. 5 (November 1956): 451–59.

狂」)。家族妄想症的案例裡，常出現跨世代妄想（例如祖孫三代都有一樣的狀況），妄想如傳統般代代相傳。〔2〕無論如何，對想要找出問題根源的專業醫療人員來說，剛開始碰到家族妄想症一定非常困惑。

例如有一家人，姑且稱之為米勒家族（the Millers），集體出現一種叫做寄生蟲妄想症（delusional infestation）的情況，他們都以為自己的身體被某種生物寄生，或是被非生物侵擾。有寄生蟲妄想症的人，可能會覺得身上爬滿寄生蟲、昆蟲、蠕蟲或其他小動物，或是相信身上布滿某種無生命的物質，例如細小的纖維、線頭等等。

這種念頭可能會愈演愈烈，患者想方設法急著擺脫想像中的災禍。他們常常試圖用鑷子或針頭挑出皮膚裡的害蟲或物質，也會用殺蟲劑、漂白水或清潔劑來消滅寄生蟲。

米勒家族的妄想，始於米勒太太擔憂鄰居和親戚會跑來傷害她與她的家人。不知道為什麼（連米勒太太自己也不清楚），她相信他們家的寄生蟲害是這些外人的陰謀。

米勒先生因為手臂、腹部與背部癢個不停去看皮膚科，所以才有醫生注意到這個事件。醫生發現米勒先生的身上有乾燥、紅色的斑塊，顯然是因為抓癢而受到刺激（或就是抓癢造成的）。醫生建議了幾種治療方式，可是全部無效——醫生也找不到發癢的原因。治療過程中，米勒先生說妻子和兩個女兒也有一樣的皮膚問題。

他換了好幾個醫生，沒有人找到寄生蟲的跡象。最後是一位精神科醫生做出正式診斷：米勒家族陷入集體妄想。米勒太太顯然是妄想的開端，米勒先生一開始駁斥太太的想法。但他們家一向是米勒太太說了算，後來她成功說服米勒先生接受了確實有寄生蟲。不久之後，兩個女兒也加入妄想行列。醫生提出米勒一家的情況是家族妄想症，並建議他們接受精神治療——他們堅定地拒絕了。〔3〕

▼集體妄想的成因

集體妄想到底是如何形成的，目前尚未完全釐清，但暗示（suggestibility）與人格動力學（personality dynamics）似乎都發揮重要作用。集體妄想的源頭，通常是某個對其他人極有影響力的人。例如，第一個產生妄想的人，可能智力或資歷比較優越，對後來接受其妄想的人來說，他的意見特別有分量。產生集體妄想的兩個人或群體通常生活比較封

2 P. Wehmeier, N. Barth, and H. Remschmidt, "Induced delusional disorder. a review of the concept and an unusual case of folie à famille," *Psychopathology* 36, no. 1 (January–February 2003): 37–45.

3 E. Daniel and T.N. Srinivasan, "Folie à famille: delusional parasitosis affecting all the members of a family," *Indian Journal of Dermatology, Venereology and Leprology* 70, no. 5 (September-October 2004): 296–67.

閉，所以，被誘發妄想的人，比較沒有機會得到來自外人的理性觀點，進而看清事實。

集體妄想的情況中，最早出現的妄想，可能來自會扭曲正常思考的病症，例如思覺失調症與失智症。但是，承接他人妄想的患者，通常沒有明顯的腦部疾病。不過，他們可能具備容易接受暗示的人格特質。這種人格特質加上第一位患者的強烈影響——以及一點點離群索居——就可能是釀造集體妄想的特殊原料。

關於形成集體妄想的大腦出了什麼錯，有一個假設是，負責產生懷疑的大腦區域活動異常。你或許還記得前面幾章提過，右腦半球也參與檢查生活中遇到的事件是否合理。神經科學家猜測，這些檢查合理性的迴路，可能與看到（雖然可疑，但不無可能的）可疑資訊時，產生懷疑的迴路重疊。產生懷疑的迴路功能異常，可能會使人特別容易上當，也更容易受到強勢的人影響。

有些研究指出，這種產生懷疑的迴路存在於前額葉皮質，因為研究發現，這個區域在暗示與容易相信他人扮演重要角色。根據這些研究，當我們遇到有問題的資訊時，前額葉皮質會將其「標記」成可能有誤的資訊。但前額葉皮質做這件事的熟練程度因人而異。例如兒童的前額葉皮質尚未發育完全〔4〕，而老年人的前額葉皮質會隨著年齡而有些萎縮。當然，影響前額葉皮質功能的因素還有很多，例如遺傳、幼年影響、吸毒和酗酒。

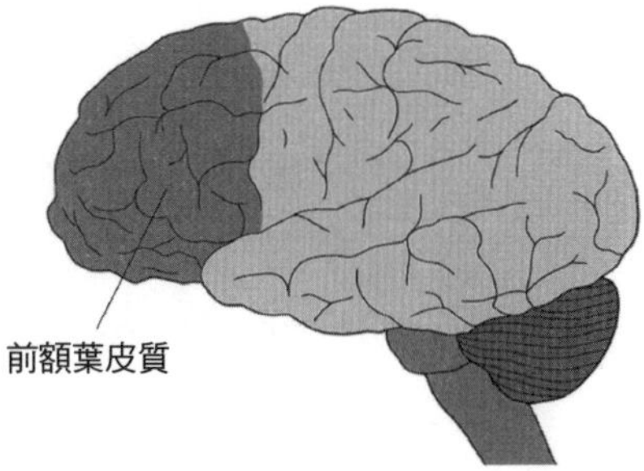

前額葉皮質的這些變化，或許會影響一個人的判斷力，使他對於不太可能發生的情境，無法產生質疑。比如說，科學家曾在一項研究中，調查前額葉皮質受過傷的患者（例如中風的人）。為了測量受試者對可疑資訊的評估能力，研究者給他們看內容修改過、明顯有誤的雜誌或報紙廣告。例如有一則止痛藥廣告聲稱可以消除頭痛，而且「沒有任何成藥的副作用」。不過廣告文案末尾有一條醒目的免責聲明：「若經常服用本產品，部分消費者可能會產生噁心感。」

與未曾有腦傷、甚至大腦其他區域受過傷的受試者相比，前額葉皮質受過傷的人，辨認出錯誤廣告的機率明顯低了許多。但是與其他腦傷患者相比，前額葉皮質受傷與認知表現較差沒有關聯，因此認知功能的整體缺陷解釋不了這種差異。所以研究者猜測，我們辨認資訊是否虛假或有誤導之嫌時，前額葉皮質的特定區域具有關鍵作用。〔5〕

4 令人驚訝的是，前額葉皮質可能要到二十五歲左右才會發育完全。由於前額葉皮質參與決策和衝動控制，因此它的晚熟或許能夠解釋青少年和年輕人為什麼行事衝動、行為魯莽。

▼催眠、暗示與前額葉皮質

前額葉皮質的作用對接受暗示來說很重要，關於這一點，催眠的神經學研究提供了更多證據。根據定義，催眠是一種暗示受到強化的狀態。很多人一聽到催眠，就會聯想到一個戴著單片眼鏡的佛洛伊德派治療師，拿著一塊金色懷錶在患者眼前來回擺盪，用很重的口音不斷重複：「你覺得愈來愈想睡覺。」其實真正的催眠是一種更微妙的體驗，藉由放鬆技巧與想像力幫助患者調整心態，變得更願意接受改變。

催眠確實能引導許多患者進入容易接受暗示的狀態；受過催眠治療訓練的人可以利用這種狀態，幫助患者減輕憂鬱或焦慮症狀、緩解疼痛、戒菸等等。〔6〕在某些類型的手術中，催眠甚至成功取代了麻醉〔7〕——有幾家頂尖醫院已開始在特定手術中使用催眠，做為比傳統麻醉更安全的替代方案。〔8〕

至於催眠如何影響大腦，相關假設通常都會包含前額葉皮質發揮的作用。大致上，研究都支持催眠會減少前額葉皮質活動，使人更容易接受催眠的暗示。〔9〕

有一項研究的研究者利用TMS（經顱磁刺激）驗證了這個假設。我們在第四章討論過TMS用磁波刺激大腦，以非侵入的方式改變大腦功能。磁波在大腦裡產生電流，可暫時干擾神經元功能。

為了研究前額葉皮質在催眠中發揮什麼作用，研究者先對數十名受試者在前額葉皮質的特定部位進行TMS。然後他們立即催眠受試者，並記錄他們在催眠狀態下對暗示有何反應。前額葉皮質接受了TMS（降低此區域的活躍度），受試者更容易對催眠做出回應。這組受試者之中接受催眠暗示的人比較多，例如他們相信「你的手臂非常僵硬，

5 E. Asp, K. Manzel, B. Koestner, C.A. Cole, N.L. Denburg, and D. Tranel, "A neuropsychological test of belief and doubt: damage to ventromedial prefrontal cortex increases credulity for misleading advertising," *Frontiers in Neuroscience* 6 (July 2012): 100.

6 M.P. Jensen, G.A. Jamieson, A. Lutz, G. Mazzoni, W.J. McGeown, E.L. Santarcangelo, A. Demertzi, et al., "New directions in hypnosis research: strategies for advancing the cognitive and clinical neuroscience of hypnosis," *Neuroscience of Consciousness* 3, no. 1 (2017): 1–14.

7 E. Facco, C. Bacci, and G. Zanette, "Hypnosis as sole anesthesia for oral surgery: the egg of Columbus," *Journal of the American Dental Association* 152, no. 9 (September 2021): 756–62.

8 D. Bruno, "Hypnotherapy Isn't Magic, But it Helps Some Patients Cope with Surgery and Recovery," *The Washington Post*, November 9, 2019, https://www.washingtonpost.com/health/hypnotherapy-as-an-alternative-to-anesthesia-some-patients--and-doctors--say-yes/2019/11/08/046bc1d2-e53f-11e9-b403-f738899982d2_story.html.

9 Z. Dienes and S. Hutton, "Understanding hypnosis metacognitively: rTMS applied to left DLPFC increases hypnotic suggestibility," *Cortex* 49, no. 2 (February 2013): 386–92.

完全彎不起來」或是「你的嘴裡有一種酸酸的味道」。[10] 研究結果顯示，前額葉皮質的活躍程度降低，可能會影響一個人的催眠敏感度及易受暗示性。

因此，導致集體妄想的輕信特質，說不定和前額葉皮質功能受到干擾有關。與此同時，集體妄想不僅牽涉到暗示，也取決於人格動力學，通常發生的情境是：處於支配地位的人對意志不堅的人施加影響。若要深入了解這種關係，我們可以看看社會影響如何改變大腦與行為的實例。

▼輾壓式的影響

一九五五年，充滿領袖魅力的年輕傳教士吉姆・瓊斯（Jim Jones）在印第安納州成立一間教會，後來以「人民聖殿」之名為人熟知（Peoples Temple，此處沒有使用所有格 Peoples'，是故意的——意指聖殿包含世界各地的人民，而不是屬於人民）。瓊斯看見印第安納州將被核彈爆炸摧毀的異象，便把教會搬遷到北加州的一座小鎮，他在這裡成為人人敬重的大人物。瓊斯宣揚社會與種族平等的思想，吸引滿懷理想的年輕人。慷慨的慈善之舉也使他備受喜愛。他的教會提供許多幫助貧苦的服務，例如免費餐點、戒毒中心和免費法律諮詢。

隨著瓊斯的名聲愈來愈響亮，人民聖殿也逐漸茁壯。一九七〇年代初，他已有大約兩萬名信徒。教會規模日漸壯大，人民聖殿執行非正統儀式——甚至虐待——的傳聞也甚囂塵上。幻滅與不滿的前信徒描述了通宵達旦的儀式，以及公開羞辱的做法，包括「打屁股」。例如，有個十六歲女孩，曾在大約七百人的會眾面前，被人用一塊大木板打屁股七十五下，她的父母居然也在現場觀看。她說自己「後來至少十天沒辦法坐下」。〔11〕

基於這些描述，有人對人民聖殿展開調查，結果顯示瓊斯會使用煽動手段，藉由恫嚇與舞台表演來操控信徒，包括造假的治癒實例。面對愈來愈多的公眾檢視，瓊斯乾脆帶著一千多名信徒逃往南美洲小國蓋亞那（Guyana）。瓊斯在叢林深處打造了一個社區，俗稱「瓊斯鎮」（Jonestown）。

瓊斯以專制君王的姿態統治住在瓊斯鎮的信徒。他狂妄自大，甚至在社區的主樓裡設立了一個王座。他自欺欺人地相信自己很偉大，後來生出極端的執念，瘋狂地想將任

10 Ibid.

11 M. Kilduff and P. Tracey, "Inside Peoples Temple," *New West Magazine*, August 1, 1977, https://jonestown.sdsu.edu/?page_id=14025.

何外部影響隔絕在瓊斯鎮之外。他的心理健康迅速惡化，而濫用安非他命與巴比妥酸鹽類藥物，無異於火上加油。

瓊斯相信外部世界的干擾會導致瓊斯鎮分崩離析，他的預言後來一語成讖。加州眾議院議員里奧．萊恩（Leo Ryan）收到選民陳情，他們的家人被強行扣留在瓊斯鎮，於是一九七八年底萊恩抵達瓊斯鎮，此行也有記者與攝影師同往。他們對瓊斯鎮一無所知，瓊斯的熱情歡迎使他們略感驚訝。當天晚上，萊恩與隨行人員甚至和瓊斯與他的信徒共進晚餐，享受現場演唱。

但瓊斯為萊恩上演的只是一場美好的假象，遮掩不了瓊斯鎮瀰漫的不滿與恐懼。整個晚上一直有信徒偷偷接近萊恩、請求協助，他們想離開這個專制統治的團體。瓊斯後來得知這件事，這種行為在他眼中形同背叛，因此他決定採取行動，阻止萊恩帶走任何瓊斯鎮的居民。

萊恩打算隔天離開瓊斯鎮，他同意帶幾名信徒一起離開。他們來到跑道上準備登機時，瓊斯的武裝警衛朝他們開槍。這場襲擊導致萊恩與其他四人死亡。

事後瓊斯做了一個決定，令瓊斯鎮成為美國歷史上極其驚悚的事件。瓊斯相信美國政府隨時會派人到瓊斯鎮，將他的教會與社區劃下句點。他把這個想法傳達給瓊斯鎮的居民，告訴他們政府的突襲行動將帶來死亡與折磨，目的是懲罰他們選擇離開傳統的美國社會。瓊斯宣稱只有一個方法能避免這種結局，那就是自我了斷。

於是，瓊斯鼓勵信徒喝下含有氰化物的調味果汁。成年人先用針筒把毒果汁注射到孩子的喉嚨裡，然後再飲毒自盡。總計死亡人數超過九百人，包括三百多名兒童。瓊斯頭部中彈而亡，很有可能是自殺。

▼邪教徒的大腦

瓊斯的信徒表現出來的暗示接受度，顯然是完全不一樣的等級。這麼一大群人的腦袋裡究竟發生什麼事，才會導致他們的行為似乎都被妄想主導？他們的前額葉皮質功能都有某種程度的障礙嗎？

有此可能。有一項研究發現，前額葉皮質受傷的人較有可能屈服於權威，接受教條信仰，而且還會積極捍衛這些信仰。〔12〕另一項研究認為，前額葉皮質受傷的人比較不會

12 E. Asp, K. Ramchandran, and D. Tranel, "Authoritarianism, religious fundamentalism, and the human prefrontal cortex," *Neuropsychology* 26, no. 4 (July 2012): 414–21.

因為得知他人曾經行為不端，就產生負面評價。[13]將這幾種類型的缺陷放在同一個人身上，似乎就能解釋，為什麼有人會盲目遵從像人民聖殿那樣的邪教指令。

老實說，我們不知道瓊斯的信徒決定放棄美國的人生、搬到蓋亞那的時候，他們的大腦裡發生了什麼事，因為科學家已經無法研究他們。所以將他們的行為歸結於一個原因，例如前額葉皮質功能障礙，僅是一種推測（而且可能太過簡化）。

對特別容易接受暗示的人來說，像人民聖殿這樣的邪教或許更有吸引力[14]，但邪教也會吸引情感脆弱、缺乏社會支援、經歷過身體虐待或性虐待的人，以及因為資源有限——包括經濟與情感資源匱乏——而陷入絕境的人。[15]這些人或許會對加入一個新團體、逃離過去生活中的煩惱感興趣。

與此同時，不是每一個加入瓊斯鎮這種毀滅式邪教的人，都極容易接受暗示、陷入情感痛苦或是身處絕境。此外，邪教成員的教育程度往往高於一般大眾，而且絕大比例來自中上階層家庭。[16]因此，邪教不一定充滿你印象中的那種信徒；邪教成員都相信——正在閱讀這段文字的你大概也一樣——加入毀滅式邪教這種事，絕對不會發生在自己身上。

多數加入邪教的人都是不知不覺、慢慢耳濡目染。即使接觸到令人心生警惕的做法，通常也是循序漸進，使他們有時間為自己持續參與找到藉口。等到他們明白時，已經捲入難以掙脫的社交網絡裡面。身邊的人都已被邪教洗腦，也很可能為了合理化自己的忠誠而成為狂熱擁護者。當成員漸漸覺得自己是團體的一分子，不得不留在邪教裡的社會壓力，就成為他們難以離開邪教的主要因素。

社會影響可以支配人類行為，邪教示範了這種威力可以多麼強大，也讓我們看見人類大腦有一個特徵，每天都在影響我們：大腦更傾向跟隨，而不是領導。大腦仰賴其他人提供的資訊，來判斷哪些行為是正確的，這種方法有時會孕育出容易犯錯的行為，甚至直接誤入歧途、釀成災禍。

13 K.E. Croft, M.C. Duff, C.K. Kovach, S.W. Anderson, R. Adolphs, and D. Tranel, "Detestable or marvelous? Neuroanatomical correlates of character judgments," *Neuropsychologia* 48, no. 6 (May 2010): 1789–801.

14 值得注意的是，現在有許多研究者都避免使用邪教（cult）這個詞，因為它含有貶義。新興宗教運動不一定會對追隨者造成傷害或破壞，若將其都稱為邪教，或許屬於誤用。不過我將繼續使用邪教一詞，因為我提到的是具破壞性的既存邪教，例如人民聖殿。

15 J.M. Curtis and M.J. Curtis, "Factors related to susceptibility and recruitment by cults," *Psychological Reports* 73, no. 2 (October 1993): 451–60.

16 L.L. Dawson, "Who joins new religious movements and why: twenty years of research and what have we learned?," *Studies in Religion/Sciences Religieuses* 25, no. 2 (1996): 141–61.

▼同儕壓力讓你睜眼說瞎話

波蘭裔美國心理學家所羅門．阿希（Solomon Asch）完成心理學史上相當著名的實驗，證明人類仰賴社會資訊做決定——以及這為什麼足以導致嚴重錯誤。阿希是社會心理學家，所以他對社會因素如何影響行為很感興趣，例如人際互動與團體動力學（group dynamics）。一九五〇年代，他開始專注研究同儕壓力與從眾渴望如何影響人類行為。

在阿希最有名的實驗中，他將大學生分組（約八人一組），先給他們看一張上面印有一條線的卡片，這條線的長度在兩英寸到十英寸之間約五到二十五公分。〔17〕接著再給他們看另一張卡片，上面印有長度互異的三條線，然後問學生哪一條線與第一張卡片上的線長度相同。這個問題很容易回答，因為答案很明顯：這三條線之中，有一條線跟第一張卡片上的線一樣長，另外兩條線則相差四到五公分左右。

學生必須在大家面前大聲說出答案。他們按照順序一一回答，但只有倒數第二個學生是真正的受試者（當然，他自己並不知情）〔18〕，其他人都是暗樁。

最初的兩張卡片看起來一切正常。對於兩張卡片上哪兩條線長度一樣，所有學生都答對了（除非你有視力障礙才會答錯）。但是第三張卡片（以及接下來十五張卡片之中的十一張）令那名「真正的」受試者大吃一驚，因為他前面的人都選了錯誤的同一條線。他陷入左右為難：他應該回答明顯正確的答案——也就是否定剛才回答的每個人呢？還是隨波逐流，儘管這意味著他必須睜眼說瞎話？

大部分的時候，受試者會擇善固執，說出他們心目中的正確答案。但是有七十五%的受試者曾至少屈服於同儕壓力一次，選擇了錯誤答案；真實受試者的回答約有三分之一是錯的——這個比例很高，因為正確答案一眼就能看出。真實受試者每次答錯，都是因為跟隨了多數人的答案。

這個實驗也有對照組，受試者將答案寫下來（沒有人知道他們的答案）。對照組的

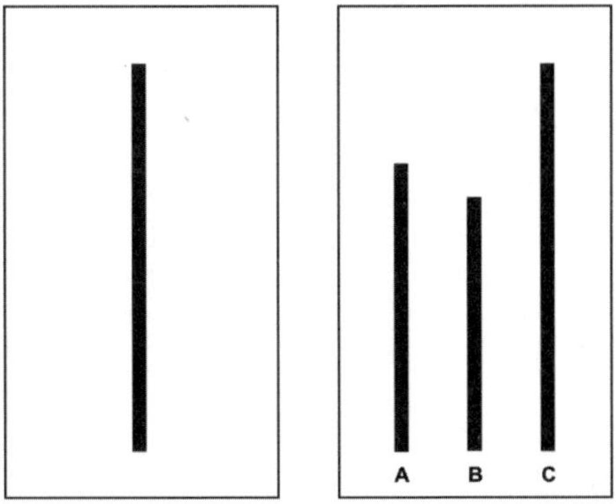

所羅門・阿希的實驗裡使用的卡片。受試者必須說出右邊卡片上的三條線之中，哪一條與左邊卡片上的線一樣長。

17 S.E. Asch, "Studies of independence and conformity: I. A minority of one against a unanimous majority," *Psychological Monographs: General and Applied* 70, no. 9 (1956): 1–70.

18 這個實驗最為人詬病的其中一點是受試者均為男性。不過在那之後，類似的研究也邀請了女性受試者，並觀察到女性也表現出類似的、甚至更顯著的從眾傾向。

錯誤率不到一%，因為真實的受試者不需要為了公開否定團體裡其他人的意見，而忍受社會壓力。

阿希的實驗證明大腦非常（甚至是過度）重視社會資訊。科學家認為，這完全合情合理。自有人類以來，他們大部分的時間都過著漁獵採集生活（占比超過九十%）。幾十個人一群在疏林草原上漫步，團隊合作的能力決定了他們能否存活。

因此，大腦隨著演化適應了社會暗示，擅長溝通，喜歡與他人互動。與此同時，大腦也變得非常重視來自社會的資訊，尤其是許多人都相信的觀點。

當然，這也是一種理性的策略。大腦建構了一條評估資訊的捷徑：愈多人相信的事情，就愈有可能是真的。我們都清楚知道這種策略本身是有問題的——一九四〇年代的德國就是個明顯的例子，雖然這個例子已成老生常談——但這策略通常能夠為我們指明正確方向，而我們也難以抗拒它的影響力。

像瓊斯鎮這樣的邪教或是集體精神失常之所以有機會出現，或許是因為仔細評估資訊的能力出了問題，加上屈服於社會影響的從眾本質所導致。不過，想了解心理狀態受社會影響的奇特案例，不用靠邪教或罕見疾病，其實世界各地的文化都有它們的蹤跡，包括你身處的文化。

▼我的陰莖被偷了！

偷陰莖現象就是一例。你可能從沒看過「偷陰莖」這個詞，但我向你保證：偷陰莖確有其事。

二〇〇一年，西非國家貝南（Benin）有憤怒的群眾殺死五名小偷，他們涉嫌用巫術偷走陰莖。〔19〕就像老電影裡，女性在包包被惡棍搶走後，高喊：「小偷，站住！」民眾聽見附近有男性大喊自己的陰莖被偷走之後，便群起圍攻被指控的小偷。不過，貝南的情況與老電影裡的橋段大相逕庭，令人毛骨悚然：群眾把汽油淋在嫌犯身上，點火，然後看著他們活活燒死——但沒有明確證據顯示他們偷了任何東西，遑論偷了別人的生殖器。

一群暴民能因為一個難以置信的指控，集結得如此迅速——而且奪人性命——這似乎令人震驚。但是在某些西非地區，偷陰莖是長期存在的隱憂。據說這是一種巫術，而且奇怪的是，就算看到陰莖仍完好無損地長在胯下，也無法減輕男性認為自己陰莖可能已被偷走的強烈焦慮。害怕針對生殖器的巫術不是男性的專利；據說西非也有女性宣

19 "Benin Alert over 'Penis Theft' Panic," *BBC News*, November 27, 2001, World, http://news.bbc.co.uk/2/hi/africa/1678996.stm.

稱，有人把她們的乳房縮小，或是把她們的陰道變不見。〔20〕

我們覺得這些信仰只不過是愚蠢的迷信。但是害怕陰莖被偷、縮小或消失的地方不光是西非。事實上，這種類型的信仰已被正式認定為一種叫做縮陽症（koro）的精神障礙，別名陰莖萎縮症候群（shrinking penis syndrome），又叫生殖器退縮症候群（genital retraction syndrome）。縮陽症主要發生於亞洲國家，有時也散見於世界其他區域。患者堅決相信自己的陰莖（或乳房、外陰部）正在縮小、退縮回體內或徹底消失。常見的擔憂是，等陰莖完全縮回體內之後，他們就會死掉。

毫不意外地，這樣的想法會使人陷入恐慌，造成盜汗與心悸等症狀，而且患者還會經常拉扯陰莖來阻止陰莖退縮。有時候，這甚至成為團體活動，家人或鄰居也會出手幫忙拉出退縮的陰莖——偶爾還會綁上細繩來拉（中國曾發生過縮陽症流行時，用蕃薯藤綁陰莖的案例）〔21〕，這些救援手段當然會使人受傷。不過一般而言，縮陽症的發作期相當短暫（通常只會持續幾小時），而且鮮少留下長期影響。

縮陽症是一種**文化依存症候群**（culture-bound syndrome），深受文化信仰影響，在信仰系統不一樣的文化裡不會發生——或至少詮釋的方式截然不同。因此從定義上來說，文化依存症候群發生的前提是社會資訊的散播。隨之而生的精神障礙，看在不同文化的人眼裡荒謬無比。

有個比較有名的例子是邪惡之眼（evil eye）。這個詞彙已成為俚語，意思是仇恨或惡毒的眼神，不過在某些文化裡，邪惡之眼意指帶有詛咒意味的一瞥——通常是出於嫉妒或厭惡。這種信仰認為詛咒會帶來厄運，但也有些文化認為邪惡之眼非常危險——可能會使人受傷或死亡。邪惡之眼信仰可追溯至古希臘，現在依然流傳甚廣，令人驚訝。一九七〇年代有一項研究，調查了全世界一百八十六個地區，其中超過三分之一相信確實有邪惡之眼。〔22〕

來自西方文化的人大概不太熟悉一種叫做**泄精焦慮**（semen loss anxiety）的概念，醫學界稱之為**泄精症候群**（Dhat syndrome）。**Dhat**源自梵語，意指「身體的精華」（當然，就是精液）。泄精症候群在某些亞洲國家很常見，例如印度和巴基斯坦。有一項巴基斯坦的研

20 V.A. Dzokoto and G. Adams, "Understanding genital-shrinking epidemics in West Africa: koro, juju, or mass psychogenic illness?" *Culture, Medicine, and Psychiatry* 29, no. 1 (March 2005): 53–78.

21 W.S. Tseng, K.M. Mo, J. Hsu, L.S. Li, L.W. Ou, G.Q. Chen, and D.W. Jiang, "A sociocultural study of koro epidemics in Guangdong, China," *American Journal of Psychiatry* 145, no. 12 (December 1988): 1538–43.

22 J.M. Roberts, "Belief in the Evil Eye in World Perspective," *In Evil Eye, ed. C. Maloney* (New York: Columbia University Press, 1976), 223–77.

究發現，去診所就診的男性之中，三十％表示自己過去一個月曾感受過泄精症候群。〔23〕

泄精症候群的症狀包括疲勞、體虛、焦慮，有時會發生性功能障礙，患者認為這些都是泄精造成的。他們經常說，自己的精液大多隨著排尿流失，甚至聲稱在尿液中看見精液，問題是醫生——或任何人——都無法證實這件事。

泄經症候群與堅信精液是重要的「生命液體」，是健康、活力與男子氣概不可或缺的東西有關。正因如此，光是想到失去精液就能引發嚴重憂慮。泄精症候群的源頭仍未釐清，但經常有人將其歸因於自慰過度、春夢、性慾強烈、或吃錯了東西，例如雞蛋和其他葷食〔24〕（泄精症候群最常發生在素食人口眾多的國家）。

泄精焦慮出奇地普遍——而且在歷史上相當常見。現在有些症候群和泄精症候群很類似，例如中國人所說的腎虧。西方文化對泄精焦慮亦不陌生。例如十九世紀的英國、法國、美國及一些西方國家，都把一種叫做滑精（spermatorrhea）的病症視為嚴重的男性公衛問題。滑精就是精液流失——包括自動流失，以及過度性行為或自慰造成流失——症狀與泄精症候群雷同：體虛、焦躁不安、疲勞等等。〔25〕對精液流失的擔憂，加上精液不應浪費（僅可用於生育）的普遍觀念，都有助於形成和助長「自慰有罪」的論點——至少是有違道德的行為。顯然，認為精液很珍貴的文化不在少數。

▼文化依存症候群

我們很容易用不屑的目光看待這些症候群，認為相信這些觀念的人都來自比較落後的文化。但值得注意的是，這些症候群聽起來雖然古怪、卻非造假，因為它們引發的症狀真實無比。即使縮陽症不會真的讓陰莖消失，但它確實與極度焦慮及恐慌有關。縮陽症需要醫療協助（通常是精神治療），這一點無庸置疑。

在我們自以為是、對這些情況嗤之以鼻之前，莫忘一件重要的事：時至今日，仍然沒有任何文化能對文化依存症候群完全免疫。無論發生於哪一個文化，文化依存症候群都是現實的寫照，雖然旁人看來似乎很愚蠢。你或許會很驚訝，有研究者認為，現代西方國家的某些病症，也應歸類為文化依存症候群。

23 D.B. Mumford, "The 'Dhat syndrome': a culturally determined symptom of depression?" *Acta Psychiatrica Scandinavica* 94, no. 3 (September 1996): 163–67.

24 S. Grover, A. Avasthi, S. Gupta, A. Dan, R. Neogi, P.B. Behere, B. Lakdawala, et al., "Phenomenology and beliefs of patients with Dhat syndrome: A nationwide multicentric study," *International Journal of Social Psychiatry* 62, no. 1 (February 2016): 57–66.

25 G.N. Dangerfield, "The symptoms, pathology, causes, and treatment of spermatorrhoea," *The Lancet* 41, no. 1055 (1843): 210–16.

這樣的主張當然會引發爭議，光是暗示一種症候群受到文化影響，就足以讓親身體驗過這種症候群的人感到被羞辱。但在此必須再次強調的是，一件事被歸類為文化依存症候群，不等於它是虛構的——它只是深受文化影響。比如說，有研究發現，某些飲食障礙與文化密切相關，例如**心因性暴食症**（bulimia nervosa）。有一項研究調查了暴食症在不同文化裡的發生率，這項研究並沒有找到證據可以斷言，暴食症患者幾乎沒有接觸過西方文化及其重視的瘦身觀，也未曾受到潛在影響。〔26〕當然這並不代表暴食症不是真正的精神障礙，但它意味著出現暴食症的地方，或許僅限於以瘦為美的文化——而且食物供應豐沛，以至於鼓勵大家暴飲暴食。

有時候，為一種病症貼上文化依存症候群的標籤，只是意味著我們透過文化視角，去思考真正的病徵或症狀。也因此有人提出經前症候群（PMS）與注意力不足過動症（ADHD）都有可能屬於文化依存症候群（這樣的主張更具爭議性）。雖然兩種病症都表現出明確的症狀，但這些症狀是否需要治療，隨文化觀點而有不同。當然，這並不代表病症和它的症狀都是假的，而是在一種文化脈絡下，我們或許已經決定，把月經的症狀或注意力的差異，當成一種健康問題來對待，只是這個決定並非唯一合乎邏輯的結論。

一種病症是否應該被視為文化依存症候群，撇開這種爭論不談，光是這些症候群存在的事實，就已突顯出社會影響確實強大，足以左右我們的思考方式。我們常說人類是天生的社會動物，從大腦對社會資訊的重視程度看來，這句話再正確不過。演化使大腦非常看重社會資訊，有時候我們甚至寧可相信社會資訊，也不相信自己的判斷力，這樣的信念足以扭曲我們對環境的直接觀察——甚至改造我們對現實生活的典型期待。

26 P.K. Keel and K.L. Klump, "Are eating disorders culture-bound syndromes? Implications for conceptualizing their etiology," *Psychological Bulletin* 129, no. 5 (September 2003): 747–69.

CHAPTER 10

腦袋空白

ABSENCE

倫敦寒冷陰雨的一月，新的學期正要開始，對大學生約翰（John）來說，這會是比較辛苦的一學期。他主修電子學，本學期除了要修電路設計與分析之外，他還要修微積分、普通物理和演講（他是個害羞的年輕人，對演講課深感焦慮）。

學期才剛開始一個月，約翰已經不確定自己能否應付得來。不過，情況即將變得更加複雜。一開始，他發現不管到哪兒都聞到一股怪味，室內室外都有。雖然很難確定這到底是什麼味道，但它有一種泥土的腥味，也有點像爛水果。他問同學跟朋友有沒有聞到，大家都說沒有——還用茫然的眼神看他，這讓約翰覺得自己像神經病。

約翰的情況是神經科醫生所說的幻嗅（phantosmia），又叫「幽靈氣味」（phantom smell）。幻嗅可能是鼻竇有問題這樣的小毛病，也有可能是更嚴重的疾病，例如腦瘤。至於約翰，這是疱疹感染轉移到大腦的第一個徵兆（沒錯，又是難纏的疱疹病毒）。

約翰想無視這莫名其妙的味道，但還沒成功就出現了其他症狀：發燒、喉嚨痛、頭痛。他心想，或許他就是因為生病了才聞到這股怪味。接下來的兩天，約翰極不舒服，頭痛與發燒都變得更嚴重，然後脖子也開始異常疼痛。

約翰當時還不知道，他的症狀就是腦膜炎（meningitis）典型臨床表現。腦膜炎就是腦膜發炎。腦膜是包覆大腦的層層薄膜，它們能提供大腦支撐，在頭部遭受重擊時發揮緩衝作用，防止大腦在頭顱裡晃來晃去。此外腦膜裡還有腦脊髓液，它除了保護大腦，還負責在大腦各處傳遞重要物質，以及清除大腦裡的廢物。

不過，腦膜很容易受到細菌、病毒和其他病原體感染。當其中一種病原體侵入腦膜時，就可能造成腦膜炎——這是足以危及生命的發炎反應。

約翰直到癲癇發作，才知道情況有多嚴重。他被送進醫院時已意識模糊、神智不清。醫生很快就發現腦膜炎的病徵，確定病因是疱疹感染後就著手治療。大約一個星期後，約翰退了燒，神智也變得比較清楚。

接下來幾週，約翰的症狀持續好轉，但他在康復期間也出現奇怪的行為：他會吃或喝下放在旁邊的任何東西。他啜飲洗髮精，牛飲花瓶裡的水，甚至喝過自己的尿。他試著吃肥皂、毯子、他自己的導尿管和糞便。厲害的是，這些事他做起來態度從容，彷彿稀鬆平常。

往後半年約翰持續康復，離奇的飲食行為也逐漸消失。但他沒有百分之百恢復成罹患腦膜炎之前的樣子。他有影響生活能力的嚴重健忘症，情緒起伏不定。[1]聽起來已經

1 R. Greenwood, A. Bhalla, A. Gordon, and J. Roberts, "Behaviour disturbances during recovery from herpes simplex encephalitis," *Journal of Neurology, Neurosurgery, and Psychiatry* 46, no. 9 (September 1983): 809–17.

夠糟糕，但我想藉由約翰的情況，討論他身上另一種離奇的障礙。

約翰治療完腦膜炎的幾個月之後，做了口語智商和其他認知功能測驗，分數都很正常。雖然有時說不出他想用的詞彙，但他說話很流利。當醫生測試他辨認圖片的能力時，發現一個奇怪的缺陷。給約翰看無生命的物體圖片時，他可以說出物體的名稱或用途，例如公事包、指南針、垃圾桶等等。問題是，他幾乎辨認不出任何生物。

醫生專門測試他辨認生物與物體的能力，約翰答對九十%的物體，生物只答對六%。醫生請他說出鸚鵡的定義，他直接回答：「不知道。」問到鴕鳥，他的答案是「奇特」。他對蝸牛的描述比較接近正確答案一些：「昆蟲動物。」〔2〕

約翰的缺陷不僅僅是語言上的——他顯然很難用分類的概念理解生物。他失去了將生物正確歸類為生物的整體能力，由於這是辨認事物的基礎能力，所以他原本應該非常熟悉的東西，現在卻相見不相識。

這種障礙很奇特，因為它呈現專一性；大腦受過傷之後，怎麼會幾乎每一種認知能力都沒有受損，唯獨失去辨認某一個類別的能力？令人驚訝的是，這種專一性沒那麼獨特。有幾種叫做失認症（agnosias）的精神障礙裡也看得到這種專一性。不同類型的失認症呈現的整體表現天差地遠，但通常都有無法辨認或無法感知特定類別或種類的情況。

▼失認症

Agnosia在希臘語的意思是「不知道」，失認症指的是並非因為感覺或智力有問題造成的感知或辨認障礙。以約翰為例，他視覺正常，大致上思考清晰，但是他辨認生物有困難。失認證自成一個類別，底下的一長串病症表面上看來各不相同，但都是感受不到某種對其他人來說很基本的人類經驗。

大腦中與特定感知元素有關的區域受傷之後，常會引發失認症。因此失認症可以用來證明，不同的腦區掌管不同的感知功能——從詮釋原始感覺數據，到將資訊整合成有意義的世界觀。這些大腦區域必須合作，我們才能理解身處的世界，有能力察覺感知結果（例如盛開的花朵），理解這種情境代表什麼意義（春天來了）。但這樣完整的經驗，是由不同的腦區各自提供獨特的協助，共同形塑而成。所以，大腦個別區域的損傷，會各自以其獨特的方式擾亂我們對環境的感知。

透過觀察幾種不同類型的失認症，我們可以進一步了解這種情況。例如臉孔失認

2 E.K. Warrington and T. Shallice, "Category specific semantic impairments," *Brain* 107, pt. 3 (September 1984): 829–54.

症（prosopagnosia）患者的視覺感知大致正常——除了看見臉孔的時候。這類患者通常可以藉由鼻子、眼睛等特徵判斷出這是一張臉，但是他們沒辦法辨認出，由這些特徵構成的臉有什麼不一樣。也就是說，臉孔失認症患者看著臉孔時，就像我們看著膝蓋時一樣——感覺都差不多。

舉例來說，臉孔失認症患者在街上看到自己的媽媽迎面走來——理論上——他們就算與親愛的老母四目相交也認不出她。這在現實中大概不會發生，因為大部分的臉孔失認症患者已經很擅長利用其他線索認人，例如髮型、服裝、步態或聲音——厲害到身邊的人完全看不出他們的症狀。與此同時，他們的臉部辨識能力可能糟糕到連照鏡子也認不得自己。特別嚴重的患者甚至辨認不出臉部特徵。比如說，有一名患者說臉「看起來是一坨白白的東西，上面有兩個叫眼睛的深色圓圈」。〔3〕

臉孔失認症是一種視覺失認症（visual agnosia），這個障礙主要是感知或辨認視覺刺激物的能力發生缺陷（在可能的情況下，失認症會依據最受影響的感覺來分類）。如同其他失認症，視覺失認症患者無法正確感知的刺激物也有專一性，例如臉孔、顏色或鏡子裡的影像。不識鏡中影像的患者知道自己正在看鏡子——如果你問他們是否知道，他們會語氣平淡地表示肯定——但他們不知道自己正在看的是倒影，而不是真正的三維世界。比如說，他們可能會反覆伸手想摸鏡子裡的東西，但是當手指老是摸到玻璃時，他們會覺得很奇怪。

視覺失認症不限於靜態物體。運動失認症（akinetopsia）是感知不到動作。根據一位運動失認症患者描述，她倒茶時不知道什麼時候該停下，因為她看不見杯子裡的水位正在上升——她倒茶的時候，茶水看起來靜止不動。她與人相處時總是侷促不安，因為她無法理解對方的動作，他們看起來彷彿在她身旁瞬間移動。與人交談時，對方的口型也動得不順暢，像傀儡一樣不自然地一張一合。過馬路特別恐怖；她說：「第一眼車子看起來很遠。但是……一下子就近在眼前。」〔4〕

同步失認症（simultanagnosia）患者一次只能感知到一樣東西，驚悚程度不亞於運動失認症。他們觀看細節繁複的景象時，只能專注於其中一個細節。舉例來說，讓患者坐在擺放全套餐具與好幾道菜的餐桌旁，問他們看見了什麼，他們可能會說：「一把叉子。」他們看一輛車的時候，眼中可能只有一個輪胎。站在一幢房子前面，他們可能只會看見

3 E.C. Shuttleworth Jr., V. Syring, and N. Allen, "Further observations on the nature of prosopagnosia," *Brain and Cognition* 1, no.3 (July 1982): 307–22.

4 J. Zihl, D. von Cramon, and N. Mai, "Selective disturbance of movement vision after bilateral brain damage," *Brain* 106, pt. 2 (June 1983): 313–40.

一扇窗戶。他們只看得見各種碎片，看不見全貌。這是非常嚴重的障礙，因此同步失認症患者通常被視為功能性失明（functionally blind）。

▼視覺影像的構成原理

因為研究視覺失認症，神經科學家發現，視覺的不同部分是由不同的大腦區域掌管，按照大腦受傷的區域不同，會出現不一樣的視覺缺陷。這些區域構成了專門處理視覺的巨大網絡，它們必須一起發揮作用，大腦才能拼湊出完整的視覺景象。

從視網膜開始，視覺資訊就是分開處理的。視網膜是薄薄的一層特化神經細胞，位於眼底，這裡是視覺的起點。視網膜裡的細胞專門感光，將啟動視覺感知的神經訊號傳送出去。這些神經訊號大多會送到大腦最後面的區域——初級視覺皮質（primary visual cortex）。

初級視覺皮質接收的資訊量非常龐大。有項研究發現，視網膜每秒傳送給大腦的資訊量約為一千萬位元——傳輸速度直逼網際網路連線的平均速率。[5]大部分的資訊都是送到初級視覺皮質，進行分析、辨認視覺景象的基本特徵——例如方向感、三維深度和移動方向——並且開始在大腦裡重建景象。

不過，重建原始畫面之後，大腦要做的視覺處理還有很多。下一步是為畫面賦予意義。大腦利用過往經驗的記憶，找出眼前景象裡的熟悉點，再根據對當下目標的認識，來判斷應該聚焦於哪些刺激物。這些都是視覺感知的高階功能，需要有初級視覺皮質以外的區域參與。

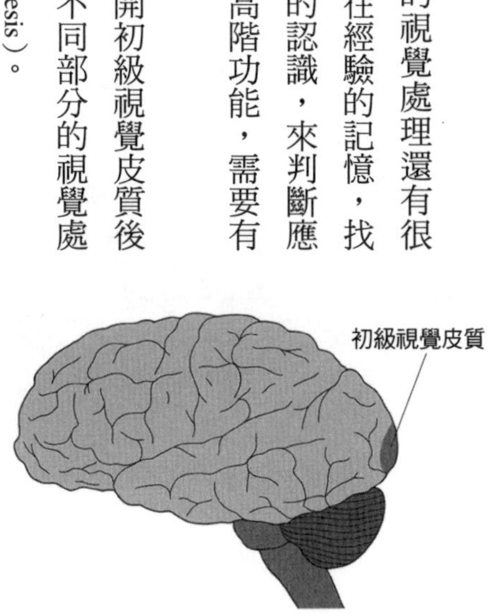

目前的神經科學模型顯示，視覺資訊離開初級視覺皮質後會兵分二路，沿途經過的大腦區域各自參與不同部分的視覺處理。這種觀點叫做**雙流假說**（two-stream hypothesis）。

其中一條路徑離開初級視覺皮質後，會經由旁邊的兩個視覺區進入顳葉，這兩個視覺區的名稱很沒創意，就叫做二號視覺區（visual area 2）與四號視覺區（visual area 4）。這條路徑一路通往**下側顳葉皮質**（inferior temporal cortex），這個區域位於大腦底部。下側顳葉皮質裡，有專門辨認特定物體的各種神經元。這條路徑叫做腹

5 K. Koch, J. McLean, R. Segev, M.A. Freed, M.J. Berry II, V. Balasubramanian, and P. Sterling, "How much the eye tells the brain," *Current Biology* 16, no. 14 (July 2006): 1428–34.

流（ventral stream），ventral意指大腦的底部。因為這條路徑有助於用來判定物體，所以也被稱為**內容路徑**（what pathway）。

另一條路徑離開初級視覺皮質後，會經過二號、三號和五號視覺區，又叫**中顳葉視覺區**（middle temporal visual area）。接著，這條路徑轉彎向上，前往頂葉皮質。第二章討論過，幫助我們理解身體的空間位置、以及其他物體和我們的相對位置，是頂葉皮質已經確知的作用。這條視覺路徑叫做**背流**（dorsal stream），dorsal意指大腦的頂部區域。對於辨認物體在環境裡的正確位置，背流非常重要，因此它經常被稱為**空間路徑**（where pathway）。

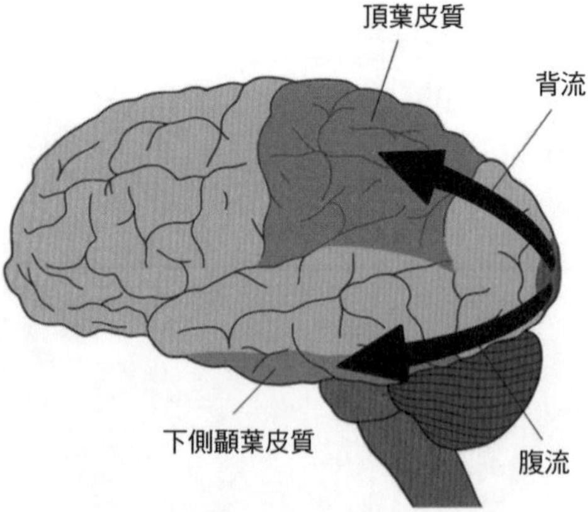

這兩條路徑和它們途經的大腦區域，都奠基於雙流假說。背流有時被稱為「空間路徑」，腹流也叫做「內容路徑」。

▼失認症患者的大腦

這兩條路徑串接起許多大腦區域、形成

一張複雜的網絡，建構出豐富的視覺經驗。仔細看看前面提過的幾種失認症的結構基礎，不難發現，這兩條路徑與它們串接的區域，發揮了怎樣的獨特作用。例如，有很多臉孔失認症患者的下側顳葉皮質裡都有個區域受過傷，它的大小與藍莓相仿，叫做**梭狀臉孔腦區**（fusiform face area）。梭狀臉孔腦區裡的神經元，會在你看見臉孔的時候變得非常活躍——看見房子和樹木等其他東西時則很平靜。

因此神經科學家認為，梭狀臉孔腦區的功能是專門辨認臉孔。不過，這個假設（如同無數假設）尚無定論，因為有人認為，這個區域對我們極為熟悉的任何事物都很有反應——不僅止於臉孔。確實有一項研究發現，當賞鳥人士看見鳥類、汽車專家看見汽車時，他們的梭狀臉孔腦區都變得更活躍；有位賞鳥人士的梭狀臉孔腦區受傷之後，也失去了辨認鳥類的能力。〔6〕無論梭狀臉孔腦區在臉孔辨認中到底扮演怎樣的角色，從它受傷後造成的結果看來，它對感知臉孔的能力至關重要。

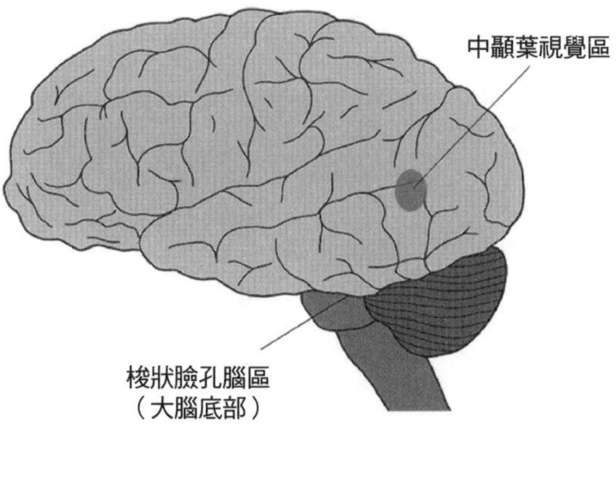

事實上，下側顳葉皮質裡的神經元似乎都是排列成串，共同發揮專長、辨認特定的刺激特徵。在大部分的情況下，它們辨認的是一般特徵（例如，神經元或許會因為特定的形狀與圖案變得活躍），但梭狀臉孔腦區裡的神經元顯然是例外。總之，刺激下側顳葉皮質裡的神經元需要的條件很複雜，不像物體大小或顏色那麼單純。神經科學家認為，這個區域的神經元是幫助我們判斷眼前情況的關鍵。下側顳葉皮質裡的神經元受傷，通常會導致辨認特定視覺刺激物（例如臉孔）的能力缺陷。

另一方面，空間路徑的神經元受傷，則與空間方向感、視覺注意力和動作感知的障礙有關。舉例來說，運動失認症（前面提過，這種精神障礙會破壞辨認動作的能力）已被發現與中顳葉視覺區受傷有關。同步失認症（一次只能感知一種物體）與空間路徑經過的顳葉及頂葉區域受傷有關。

透過這些不尋常的認知障礙案例，神經科學家才得以發現，即使是最簡單的視覺任務，也需要神經系統齊心協力。而且不僅僅是視覺，其他類型的感官知覺也需要數不清的大腦區域發揮作用，而這些知覺也可能以極其特定的方式出現缺陷。例如觸覺失認症（tactile agnosia）患者仍能夠使用觸覺，但無法單靠觸覺辨認物體。假如我放一把鑰匙在你的手心裡，請你摸摸看，就算你閉著眼睛，也應該很快就知道這是一把鑰匙。觸覺失認症患者可能把手裡的鑰匙轉來轉去摸個幾分鐘，仔細摸索每一道鋸齒與輪廓，卻依然判斷不出這是什麼東西。

旋律辨識障礙症（amusia）患者聽力完全正常，但是感知音樂有困難，直接的說，就是音痴。他們或許能聽出這是哪首歌，例如〈耶誕鈴聲〉（Jingle Bells），但這是因為他們認得歌詞。如果拿掉歌詞、只有旋律，他們聽到的〈耶誕鈴聲〉（或任何一首歌）將是刺耳的雜音。〈耶誕鈴聲〉與〈生日快樂〉、披頭四的〈嘿，裘德〉（Hey Jude）或皇后樂團的〈波希米亞狂想曲〉（Bohemian Rhapsody）聽起來沒兩樣。患者經常覺得音樂很無聊，或甚至很討厭，因為演奏技巧再怎麼高超的樂曲，對他們來說，都和我家剛學小喇叭幾個月正在練習的小學生差不多。

以上討論的失認症都與感覺處理（sensory processing）的缺陷有關，包括視覺、觸覺、聽覺等問題。每一種缺陷都只破壞感官經驗的一個小元素，其他元素完好無缺。其實失認症不限於感官知覺，有些情況是更複雜的能力遭到破壞，使平常看似不可或缺的精神生活要素不復存在。

6 I. Gauthier, P. Skudlarski, J.C. Gore, and A.W. Anderson, "Expertise for cars and birds recruits brain areas involved in face recognition," *Nature Neuroscience* 3, no. 2 (February 2000): 191–97.

▼時間失認症

蓋瑞是單身男性，五十幾歲，子承父業成了泥水匠，連酗酒也和父親如出一轍。一九三八年夏天，醉醺醺的他跌了一跤，後來因為神智不清得厲害而住進醫院。他入院時心智嚴重受損，連自己的名字和生日都不記得。醫生為他做了檢查，發現他顱骨骨折，大腦可能有傷。

蓋瑞漸漸能夠回答一些簡單的問題，但他的答案有時反而令醫生更加擔憂。他知道自己是誰，也知道自己在醫院裡。一般邏輯能力沒問題，記憶也大致完整。但是當醫生問他今年是哪一年的時候，他的答案令人無比震驚。他自信滿滿地說，今年是一八九五年，也就是蓋瑞十五歲的那一年，他竟落後了四十三年。

隨著問答逐漸深入，醫生判斷蓋瑞能夠準確描述過往發生的事，但他無法將事件放在正確的時間點上；他知道這些事確實發生過，卻不知道發生於何時。對他來說，這些事可能發生在昨天，也可能發生在十年前。

蓋瑞失去了理解、評估和感受時間概念的能力。即使很短，他也猜不出時間到底過了多久。如果請他安靜坐一分鐘，他可能只坐二十秒就說時間到——也有可能會坐個五分鐘。時間愈拉長，他的障礙就愈明顯，而且他會傾向把時間大幅縮短。例如，他已離婚二十一年，但醫生問他離婚多久，他回答七年。〔7〕

時間不是一種感覺，因此其他失認症分類時使用的知覺類別裡，沒有一種完全適用於蓋瑞。蓋瑞的情況自成一格，叫做**時間失認症**（time agnosia）。我們很難想像時間失認症是什麼感覺，因為在多數人心裡，時間無處不在。時間為記憶提供背景，為行為提供急迫感，為情感上的痛苦提供緩解的機會。幸好時間失認症非常罕見，通常是腦傷所引發。但也因為罕見，其背後的神經學原理難以探知。可供神經科學家研究的患者其實並不多。

蓋瑞很幸運，他的情況自動好轉。一九三八年十二月，也就是住院五個月後，他的時間感突然恢復。住院七個月之後，蓋瑞在一九三九年二月中出院。

▼心盲症

你閱讀蓋瑞的故事時，可能在腦海中建構出一系列畫面。你或許想像醫生要一位

7 G.M. Davidson, "A syndrome of time-agnosia," *Journal of Nervous and Mental Disease* 94 (1941): 336–43.

住院老人評估各種時間長短，而他拚了命想要答對。又或者你一邊看書一邊走神，大腦創造出完全不相干的畫面。我們的大腦一直都在建構畫面，這種能力深入生活的方方面面，至關重要。我們利用這種能力回憶細節、預測未來情境、理解新資訊，有時只是用它逃避現實。想像一下你失去建構心理畫面的能力——腦海裡的放映機突然暗掉。這就是**心盲症**（aphantasia，另譯為「想像障礙」）患者面對的情況。

艾倫（Aron）中風的時候年紀五十出頭，是事業有成的建築師。當然，沒有人能預測中風，但是六十歲以下、身體相對健康的人中風，特別令人驚訝。幸運的是艾倫還年輕，也沒有其他嚴重的健康問題，這可能是他快速康復的原因。但中風後已過了幾年，有些後遺症一直沒有消失。艾倫的臉孔失認症很嚴重，連照鏡子都不太認得自己的臉；他經常搞不清楚方向，迷路是家常便飯——即使在他非常熟悉的地方。

艾倫最驚人的缺陷，是從外表最不容易察覺的缺陷：他失去建構心理畫面的能力。他表示中風之前，這件事是他的強項。身為建築師，這是他經常使用的技能。「以前我的想像力很厲害，」他說，「工作時，我能想像並記住多數人想不到的事情。我光靠腦袋就能告訴你不可以做X、Y、Z這幾件事，因為同時還有哪些事情在發生。現在我必須看著圖紙才能整理思緒。」〔8〕

現在艾倫的大腦無法創造任何圖像。他沒辦法為了工作想像建物和其他結構，也想像不出親朋好友的臉；他無法描述最近發生的事，以及他去過的地方是什麼樣子。就連他做的夢也是一片漆黑。幸好在電腦協助下，艾倫得以繼續建築師的工作，但他失去了既可靠又安心的一項心智能力，這令他痛苦萬分。

▼想像不出畫面

第一個正式研究心像（mental imagery）的人是維多利亞時代的博學家法蘭西斯・高爾頓（Francis Galton），他在許多領域都有重要貢獻，傑出成就包括：繪製第一張天氣地圖（顯示溫度、冷鋒、暖鋒，這已是現在天氣預報的標配）；設計出一套今日仍在使用的指紋分類系統；建立行為遺傳學領域，這門學問探索遺傳學如何影響行為。〔9〕

一八八〇年高爾頓調查了一百位男性，其中許多是傑出的科學家，也是他的朋友。

8 S. Thorudottir, H.M. Sigurdardottir, G.E. Rice, S.J. Kerry, R.J. Robotham, A.P. Leff, and R. Starrfelt, "The architect who lost the ability to imagine: the cerebral basis of visual imagery," *Brain Sciences* 10, no. 2 (January 2020): 59.

9 遺憾的是，高爾頓對遺傳學的興趣也促使他提出優生學觀念，他認為擇優生育是提升人類品質的好方法。他的優生學著作後來成為他畢生成就裡的一個汙點，因為有人以此為藉口，正大光明進行種族滅絕。

他請受訪者想像一個物體，例如餐桌，並在腦海中建構這個物體的畫面。接著他提出幾個關於這個畫面的問題：這個畫面是模糊還是清晰？明亮還是灰暗？彩色還是黑白？

令他驚訝的是，大部分的受訪者都說自己沒辦法建構清晰的心像。高爾頓收到不少這樣的答案：「對我的意識來說，記憶與客觀視覺印象之間幾乎毫無關聯。我回憶我的早餐桌，但腦中沒有畫面。」有些受訪者甚至不相信人類具備視覺想像的能力。高爾頓寫道：「我很震驚，我發現絕大部分的科學家……都說他們沒聽過心像……他們不了解其真實本質，就像色盲不明白自己為什麼看不見色彩。」〔10〕

但高爾頓發現，科學家以外的人都很常建構清晰的心像。因此他自信滿滿地宣布：「科學家的視覺敘述能力很差。」他認為科學家的大腦擅長抽象思考，這必定涉及某種程度的取捨，所以他們建構心像的能力發展得沒那麼好（高爾頓認為這是小說家與詩人的強項）。

長達一百多年，心理學界幾乎沒人質疑高爾頓的心像研究。後來有人嘗試複製他的實驗，並未發現有那麼多科學家——或普通人——覺得建構心像很難。二〇〇〇年代初期，有兩位研究者複製了高爾頓的實驗，實驗對象是現代科學家與大學生。他們發現受訪的科學家之中，有九十四％表現出中階至高階的心像能力。完全缺乏心像能力的受訪

者人數是零。〔11〕

高爾頓的研究結論也遭到質疑。他以非科學家為對象的研究結果顯示，心像能力的差異並不像他所假設的那樣，僅發生在科學家身上。這很可能是高爾頓的假設使他心存成見，影響了他對數據的詮釋，也令他無視研究結果與其主張的矛盾之處。

話雖如此，高爾頓一八八〇年的「早餐桌研究」，還是讓大家注意到建構心像的能力可能因人而異。直到二〇一〇年代才出現更多相關研究，當時神經科學家亞當・澤曼（Adam Zeman）碰到一名失去建構心像能力的患者，原因可能是接受心血管手術時，大腦的血液供應曾經中斷。〔12〕患者說他以前心像能力很強——他是建築鑑定員，工作時經常用到這種想像力。可是，忽然之間，他腦海裡的畫面消失了。

澤曼對這個案例非常有興趣，與同事合作以這名患者為對象做了幾項研究，他們為他取了個代號，叫MX。研究的主要目的是，了解大腦受到怎樣的影響，才會出現這種

10 F. Galton, "Statistics of mental imagery," *Mind* 19, no. 1 (July 1880): 301–318.

11 W.F. Brewer and M. Schommer-Aikins, "Scientists are not deficient in mental imagery: Galton revised," *Review of General Psychology* 10, no. 2 (2006): 130–46.

12 A.Z. Zeman, S. Della Sala, L.A. Torrens, V.E. Gountouna, D.J. McGonigle, and R.H. Logie, "Loss of imagery phenomenology with intact visuo-spatial task performance: a case of 'blind imagination,'" *Neuropsychologia* 48, no. 1 (January 2010): 145–55.

奇特的缺陷。他們用神經成像技術，監測MX嘗試建構心像時的大腦活動。澤曼與同事發表研究結果之後，《發現雜誌》（*Discover Magazine*）介紹了他們的研究，宣傳效果絕佳，有二十幾個自稱有相同障礙的人與澤曼聯絡。澤曼的團隊發表了另一篇文章，描述這些新的案例；在這篇文章裡，他們創造了一個新術語，稱這種障礙為**aphantasia**（心盲症），可粗略直譯為「想像力缺失」。〔13〕

心盲症患者的確切人數仍屬未知，但據估計，人數應比你想的更多。例如有一項研究發現，受訪者之中超過二%表示自己曾有「想像不出畫面」的經驗。〔14〕

為了進一步了解大腦如何建構心像、以及心像為什麼會消失，神經科學家不僅研究心盲症患者，也研究心像能力正常的人。沒有心盲症的人建構心像的時候，有一個大腦區域持續保持活躍，這個區域也和正常的視覺感知有關，那就是：視覺皮質。〔15〕心盲症患者嘗試建構心像的時候，視覺皮質不夠活躍；澤曼與同事觀察MX的大腦時，看到的正是這種情況。〔16〕

因此研究者認為，視覺畫面與心像系統可能共用神經結構。這些結構受傷可能會破壞視覺畫面或心像，或是兩者一起破壞。這個觀點並非憑空而來，特定視覺功能受損的患者，有時也會出現類似的想像力障礙。比如說，臉孔失認症患者很難在腦海裡建構臉孔的畫面。〔17〕另一方面，有視覺缺陷的患者不一定會有心像缺陷，反之亦然。這又意味著，兩種成像過程所使用的大腦區域並非完全相同，各自有獨特的要件。

心盲症的神經學原理，有許多尚待解答的疑問。不過，研究患者使我們對心像有了更多認識，我們也因此知道，心像對日常生活來說有多重要。

• • •

我們在這一章看到的案例，都失去了人類正常經驗裡的某些基本能力。藉由這些案例，我們知道大腦必須完成許多任務，才能創造出我們習以為常的精神狀態。即使是看

13 A. Zeman, M. Dewar, and S. Della Sala, "Lives without imagery—Congenital aphantasia," *Cortex* 73 (December 2015): 378–80.

14 B. Faw, "Conflicting intuitions may be based on differing abilities evidence from mental imaging research," *Journal of Consciousness Studies* 16, no. 2 (2009): 45–68.

15 G. Ganis, W.L. Thompson, and S.M. Kosslyn, "Brain areas underlying visual mental imagery and visual perception: an fMRI study," *Brain Research: Cognitive Brain Research* 20, no. 2 (July 2004): 226–41.

16 A.Z. Zeman, S. Della Sala, L.A. Torrens, V.W. Gountouna, D.J. McGonigle, and R.H. Logie, "Loss of imagery phenomenology," 145-55.

17 E.C. Shuttleworth Jr, V. Syring, and N. Allen, "Further observations on the nature of prosopagnosia," *Brain and Cognition* 1, no. 3 (July 1982): 307–22.

似最簡單的心智功能，往往也需要多個大腦區域齊心協力，而且連接這些區域的神經網絡也必須正常運作。

這樣的安排再次證明大腦很有效率——也很脆弱。神經元攜手合作為我們形塑複雜的經驗（例如時間意識），這是令人難以置信的壯舉，但神經活動受阻就能使我們失去如此基本的能力，這無異於一記警鐘，提醒我們日常經驗裡再怎麼恆常不變的東西，都有可能輕易被抹去。

CHAPTER

11

身不由己

DISCONNECTION

里歐（Leo）對中風的症狀非常熟悉。十年前他父親中風時，第一個發現並打電話叫救護車的人是他。十年後的現在，他去他家附近的餐館吃早餐，才剛坐下來就注意到一模一樣的症狀——但這次是發生在他自己身上。

里歐瞬間想起父親中風後的情況。父親保住了性命，但花了一整年辛苦復健，重新學習說話跟走路。想起那段艱辛的歲月，里歐不禁思考如果他自己也中風了，會面對哪些長期影響。誰會照顧他？他單身，沒有子女——他是否必須承受父親那樣的折磨，而且沒有支援？奇怪的是，比起中風造成的立即生命危險，他更擔心這些事情。不過呢，里歐憂心忡忡思考未來時，完全沒想到中風會讓他的右手產生自主意識。

里歐出現中風症狀的時候正在低頭看菜單，他發現右邊的視野徹底消失。黑影遮蔽了半個世界。他看不見右半面菜單，看不見右手邊的其他桌子與客人。沾滿指紋的玻璃窗望出去就是停車場，但此刻停車場的右邊也被黑影覆蓋。

里歐點了早餐，他希望視覺異常只是暫時的。他伸手去拿咖啡，居然拿不起來；他的手極度無力。他發現無力的不只右手，身體的右半邊都沒有力氣，近乎癱瘓。這一刻，里歐認為自己肯定是中風了。

中風的症狀很明顯，因為每個中風案例都有一些共同症狀。首先，中風發生得很快

——有些人在大腦血液供應中斷的幾分鐘之內中風（大腦的血液供應中斷是中風的主要特徵）。第二，中風的典型症狀——例如麻痺、無力或視覺障礙——通常只影響身體的其中一側。這是因為導致中風的供血量減少通常（至少一開始）只影響單側大腦半球，而身體有許多功能都是由另一側大腦半球負責。

以里歐感受到的障礙（視覺和運動）來說，這一點尤為明顯。左腦主要處理右側視野的資訊，反之亦然。發動身體右側肌肉的運動相關訊號，大多來自左腦。因此當某一側大腦半球的運作受到干擾，通常會影響另一側身體的運動和視覺。

當這些單側症狀快速出現，而且伴隨典型的中風症狀（麻痺、無力、說話困難、神智不清、視覺障礙、失去平衡與協調，或是嚴重頭痛），就是相當明確的診斷依據。

里歐去了醫院，醫生判定這是中重度中風。但是醫生開始為他治療的時候，碰到一個意想不到的障礙：里歐的右手。

里歐的右手有問題的第一個徵兆，是在護士想給他打針時出現的。當時護士在為他靜脈注射溶解血栓的藥，好恢復大腦供血，就在她把針頭插好、調整點滴管時，里歐的右手突然把她推開，然後抓住點滴管用力拉扯。

里歐對自己的行為感到羞愧，連聲道歉。他說他絕對無意干擾護士工作，但他解釋不了自己為什麼會那樣做。這是他右手不聽話的起點。隨著治療持續進行，他的右手愈來愈任性，並漸漸成為關注焦點。它會突然抓住醫生的聽診器，還會阻撓護士的協助。有時候它會變得很暴力，例如想要搧醫護人員耳光，甚至曾經勒住里歐自己的喉嚨，想要掐死他，里歐需要別人幫忙才能鬆開自己的右手。

里歐可以移動右手臂，問題是當右手臂自己行動時，不管他怎麼做都阻止不了它。他的右手似乎可以不顧他的想法擅自行動。

里歐在醫院裡住了五個星期，治療中風的後遺症。這段期間，他恢復了對右手臂的掌控力，但前提是他得盯著它看（如果沒有盯著，它會故態復萌）。里歐出院之後，想出其他方法來約束任性的右手，例如右手腕戴上重物，以免右手臂在特別不適當的時候突然失控。幸運的是，里歐出院半年後右手的異常行為消失了，他再次成為右手的主人。〔1〕

▼異手症

里歐的右手展現令人不安的自主意識，這種情況通常被稱為異手症（alien hand syndrome）。我說「通常」，是因為從一百多年前初次發現異手症以來，這種奇特的障礙有過好幾個名稱，例如胡鬧的手（anarchic hand）、陌生的手（le signe de la main étrangère），甚至曾被稱為奇愛博士症候群（Dr. Strangelove syndrome）。〔2〕

異手症非常罕見，但是自一九〇八年初次記錄以來，已累積了數百個案例。患者的共同特徵是四肢裡的一肢（通常是手，但也有幾個異腿的案例）展現出一定程度的自主性。有些情況是異手單純模仿另一隻手的動作，有些情況是異手特別調皮——它會干預患者的行動，毫無緣由。舉例來說，異手症患者伸手撿東西時，異手可能會把他手裡的東西拍掉。或是正常的手一邊扣上釦子，異手一邊解開釦子。

有些案例像里歐那樣，異手偶有暴力傾向。比如有位女性患者睡覺時必須把異手綁起來，防止異手趁她睡著時掐她脖子。〔3〕有些異手會突然攻擊別人，妨礙別人的行動，甚至直接傷害對方。通常，病人會覺得這樣的行為很恐怖。他們無法容忍異手的所作所

1 M. Murdoch, J. Hill, and M. Barber, "Strangled by Dr Strangelove? Anarchic hand following a posterior cerebral artery territory ischemic stroke," *Age and Ageing* 50, no. 1 (January 2021): 263–64.

2 奇愛博士是導演史丹利．庫柏力克（Stanley Kubrick）的電影《奇愛博士》（*Dr. Strangelove or: How I Learned to Stop Worrying and Love the Bomb*）的主角。他有一隻手總是戴著黑色手套，這隻手擁有自主意識；他在電影裡拚命控制這隻不聽話的手，非常滑稽。

3 L.A. Scepkowski and A. Cronin-Golomb, "The alien hand: cases, categorizations, and anatomical correlates," *Behavioral and Cognitive Neuroscience Reviews* 2, no. 4 (December 2003): 261–77.

為，而且異手可能會跟他們的意願唱反調，彷彿根本不是身體的一部分——所以被形容為異物很合理。

異手症的神經學作用一直很難解釋，部分原因是，可能導致異手症的功能障礙有好幾種。異手症通常會在腦部受傷後出現，有時是短期症狀，中風後的里歐就是一例；有些則是漸進地發展，例如在阿茲海默症或大腦退化的人身上看到的那種。異手症患者受影響的大腦區域不盡相同，但許多患者都有一束神經纖維曾受過傷，那就是胼胝體（corpus callosum）。

我們在第四章討論過胼胝體，它由大量神經元構成，連接左腦和右腦半球。事實上，胼胝體的神經元多達兩億，是大腦裡最具規模的神經元路徑，也是兩個腦半球溝通的重要工具。考慮到左腦和右腦需要密切合作，胼胝體可謂舉足輕重。當大腦半球接收到感覺資訊，或是當身體的其中一側要開始做動作時，另一個大腦半球必須知道對方想要做什麼。

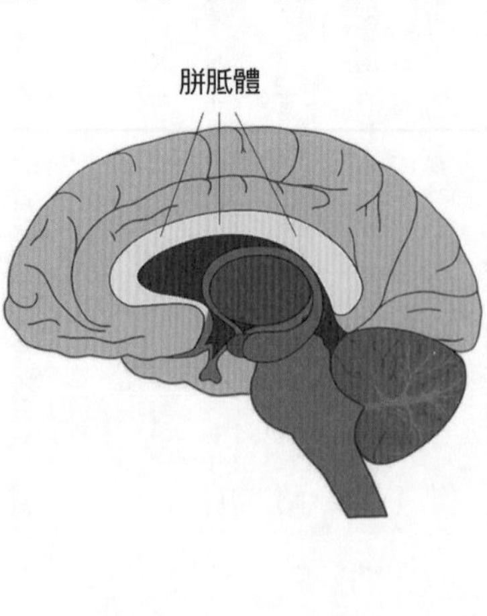

舉例來說，右側視野的資訊送到左腦半球後，整個

大腦都可取用這個資訊，因為你或許需要左腦跟右腦半球協同合作來對環境做出適當回應。左腦半球發出右手做動作的訊號時，右腦半球也會得知這項意圖——這個資訊可能會讓右腦半球知道它應該退下，方便右手順利動作。

胼胝體受傷，大腦半球之間的溝通會受到阻礙。多數時候，大腦可以適應這種情況，用替代路徑將重要資訊傳送給另一個大腦半球。但異手症患者的兩個大腦半球因為溝通中斷，在某種程度上各行其是，彼此的行動無法互相配合。這種缺乏協調的情況，似乎對非慣用手來說影響特別大（例如右撇子的左手），異手症患者的異手通常是非慣用手。〔4〕神經科學家相信，這是因為控制慣用手的大腦半球裡，有重要的運動規劃區。如果非慣用手無法收到運動規劃區的資訊，就無法正確配合慣用手。因此異手症患者會給人像傀儡的感覺，左手臂跟右手臂由不同的人控制，動作缺乏組織，甚至有點荒謬。

神經科學家假設的這種機制，無法將異手症的症狀一網打盡。例如，它解釋不了異手為什麼有攻擊性——這樣的行為似乎不僅僅是左右不協調所導致。目前關於異手症的假設有好幾個，但都無法解釋所有案例，這使異手症牽涉多種神經機制的觀點更加可

4 以異手症來說，里歐的情況有點特別，因為他的異手是他慣用的右手。

信。至於哪一種機制最能解釋異手症，或許因患者而異。

總而言之，異手症為我們展現了左右腦半球可以「交談」是非常重要的事，而胼胝體是左右腦的主要溝通管道。不過，大腦區域之間的重要連結中斷，可能會造成許多問題，異手症只是其中之一。其他問題可能也一樣古怪，突顯出健康的神經訊號溝通確實不可或缺。

▼認得工具，卻想不起怎麼用

羅納德（Ronald）在逛超市的時候，左側身體突然動彈不得。他靠在推車上勉強站穩，店員走到他身邊詢問他的情況時，他才知道其實自己掩飾得並不好。這時羅納德也發現，他沒辦法說話。他想告訴對方：「我沒事。」但這三個字明明已到嘴邊，張開嘴卻說不出來。

店員叫了救護車，羅納德到了醫院後，醫生判斷他中風了。他沒死，但是復原過程的初期就碰到一些嚴重障礙。例如，開口說話和理解口語成了巨大挑戰。光是這項障礙就足以摧毀一個人的意志——這是人類從幼兒期就仰賴的基本能力。幸運的是，大約一個月後，羅納德理解語言的能力漸漸恢復，只是說話依然有點吃力。

我們在第八章討論過，這類型的語言缺陷叫做失語症；失語症是常見的中風後遺症，大約三分之一的中風患者會出現某種程度的失語症。〔5〕但羅納德還出現一種比較少見的問題。住院復原到可以自己進食的程度後，醫院為他準備了餐點：一片火雞肉、馬鈴薯泥和一小碗雞湯麵。飢腸轆轆的羅納德沒有開懷大吃，他只是坐在病床上盯著餐盤，看上去有點茫然。

他看著餐具。他知道這些東西是什麼：刀、叉、湯匙。可是他怎麼也想不起來這些東西如何使用。他心想，總得試試看。他想先喝湯，但哪一支餐具最適合喝湯呢？他猶豫了一下，拿起刀子伸進碗裡舀湯，他馬上就發現這樣是喝不到湯的。嘗試了幾次又失敗了幾次之後，羅納德不得不求助護士。

羅納德的缺陷不限於餐具。很快大家就看出來，他連尋常的工具和物品都不知道怎麼用了。他看到指甲刀或螺絲起子之類的工具時，雖然可以說出這是什麼東西，但他不會用，甚至無法描述這東西的用法。

5 M. Ali, K. VandenBerg, L.J. Williams, L.R. Williams, M. Abo, F. Becker, A. Bowen, et al., "Predictors of poststroke aphasia recovery: a sytematic review-informed individual participant data meta-analysis," *Stroke* 52, no. 5 (May 2021): 1778–87.

他住院一個月，醫生偶爾會故意給他錯誤的工具，目的是觀察他的反應。比如供餐時給他一把牙刷，他會把牙刷當成湯匙使用。到了刷牙時間，醫生給他湯匙而不是牙刷（有時候，這些檢查確實看起來有點變態）。羅納德把牙膏擠在湯匙上，然後在牙齒上塗塗抹抹，沒有意識到湯匙無法替代牙刷。〔6〕

為了檢察羅納德的障礙有多嚴重，醫生給了他馬克杯、水、一支湯匙、一罐即溶咖啡、一個沒有插電的微波爐。羅納德很快就知道這是什麼任務。「這是要我煮咖啡。」他說。醫生很快就發現，羅納德不知道該怎麼做。他盯著面前的東西，彷彿那是一篇他看不懂的外語文章。接著，他拿起微波爐的插頭，垂放到馬克杯裡旋轉，像是在攪拌什麼。過了一會兒他停下動作，意識到自己做錯了，卻不知道怎麼改正。

最後羅納德打開即溶咖啡，往馬克杯裡倒了一大堆咖啡粉（完全無視湯匙的作用）。然後，他拿起湯匙攪拌咖啡——可是沒有加水。他害羞地抬頭看了看醫生，顯然也知道自己做的事情不太對。問題是，他想不出自己哪裡做錯了。對他的大腦來說，他剛剛想出來的作法跟任何作法一樣合理可行。〔7〕

▼失用症

羅納德的情況叫做失用症（apraxia），這個詞源自希臘語，意思是「沒有行為」。失用症患者的能力障礙，發生在後天學會的行為上。失用症診斷上的困難在於，它不是因為明顯喪失運動或感覺功能所造成的障礙。也就是說，羅納德的身體依然有能力沖泡即溶咖啡，只是他不知道怎麼做。

失用症有幾種類型，羅納德屬於罕見類型，叫做**概念失用症**（conceptual apraxia）。之所以叫概念失用症，是因為患者很難藉由概念理解如何使用工具之類的物品來完成任務——他們常常想不起工具用途與用法的基本細節。因為如此，需要使用工具的情況對他們來說都很費力。想當然耳，這種失用症的患者，連進行日常生活裡最簡單的任務也困難重重。

有一種較常見的失用症叫**意想運動失用症**（ideomotor apraxia）。患者沒有潛在的運動

6 C. Ochipa, L.J. Rothi, and K.M. Heilman, "Ideational apraxia: a deficit in tool selection and use," *Annals of Neurology* 25, no. 2 (February 1989): 190–93.

7 K. Poeck, "Ideational apraxia," *Journal of Neurology* 230, no. 1 (1983): 1-5.

障礙，卻無法順利完成後天學會的動作。儘管患者了解自己想要做什麼動作，卻依然做不到。比如說，患者通常很難遵照指令做手部動作。如果你請意想運動失用症的患者揮揮手，他們會知道自己該怎麼做，只是他們的手大概不會照辦。他們可能只會很尷尬地讓手上下擺動。

意想運動失用症患者也可能表現出其他動作障礙，例如不會使用工具。不過概念失用症與意想運動失用症之間，有一個顯著差別，那就是意想運動失用症患者了解自己想做什麼動作，概念失用症患者從頭到尾都很茫然。

有趣的是，很多失用症患者在做別人要求的動作時比較難，做自己想做的動作時不一定有問題。換句話說，他們或許可以主動向朋友揮手道別，但若是你要求他們這麼做，他們可能會搞不清楚該怎麼做，彷彿他們還沒學會揮手。為什麼同一種能力會出現這樣奇怪的差別，原因尚且不明。

失用症還有很多其他類型，每一種缺陷各有特色。有些僅限於身體的特定部位，例如眼皮失用症（lid apraxia），也就是雖然張開眼睛需要的肌肉完全正常，但就是很難張開眼睛。有些失用症則與特定的活動有關，例如穿衣失用症（dressing apraxia）和言語失用症（apraxia of speech）。

▼大腦的溝通網絡

每一種失用症的神經科學原理都不一樣。不過一般而言，神經科學家認為，失認症與大腦裡整合多種事物（例如感覺資訊、對想做之事的概念理解，以及動作計畫等）的網絡受阻有關。這些網絡涵蓋多個大腦區域，每個區域對於做出某類功能性動作，都至關重要。

比如說，頂葉皮質被認為是參與複雜動作或熟練動作的重要區域，例如使用螺絲起子、縫鈕扣等等。為了完成這些任務，頂葉接收來自大腦視覺區域的資訊，利用視覺回饋，確保動作按照應有的方式進行。因此，頂葉皮質受傷可能會嚴重影響精密動作。〔8〕神經學家也認為，頂葉皮質明確參與了儲存工具用法的概念資訊，我們想要操控物體滿足特定目的時，相當倚重頂葉皮質。〔9〕

不過，頂葉皮質想完成任何複雜動作，都必須與額葉裡的運動皮質（motor cortex）溝

8 A. Dressing, C.P. Kaller, M. Martin, K. Nitschke, D. Kuemmerer, L.A. Beume, C.S.M. Schmidt, et al., "Anatomical correlates of recovery in apraxia: a longitudinal lesion-mapping study in stroke patients," *Cortex* 142 (September 2021): 104–21.

9 R.G. Gross and M. Grossman, "Update on apraxia," *Current Neurology and Neuroscience Reports* 8, no. 6 (2008): 490–96.

通。運動皮質負責啟動大部分動作，而運動皮質本身也分成好幾個區域，參與肢體動作的方方面面，從規劃一路到執行。

運動皮質與頂葉皮質的連結形成一個基本網絡，將感覺資訊和運動資訊整合在一起，讓我們能做出使用工具或物品滿足特定目的所需要的動作。但是參與這些功能的完整網絡也涵蓋其他區域，一路看到這裡，讀者應該不會感到意外才是。舉例來說，當你想要使用某樣工具時，負責建立目標、選擇最佳達標方式、微調動作使動作更加精確等，多個腦區都會一起動起來，幫助大腦做好準備。因此，這些區域之中任何一個受了傷，都有可能嚴重損壞執行複雜動作的能力。連接這些區域的路徑受損，造成的結果可能一樣嚴重，因此路徑的重要性不亞於它們串接的腦區。

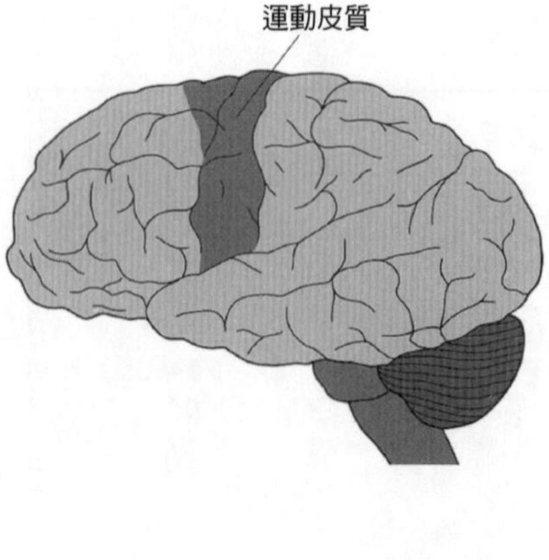

我們需要大腦區域之間的穩固連結，這是現代神經科學的重要領悟。不只健康的大腦功能需要神經網絡，了解精神障礙也需要。這層領悟也使我們在試圖判斷大腦如何運作時，不再只是聚焦於個別大腦區域。此外，意識到大腦溝通有多重要，也使我們對多種特殊症狀一起出現的精神障礙，有更深的認識，因為好像只有用大腦不同區域的連結受損，才能合理解釋這些症狀。

▼格斯特曼症候群

蘇菲亞（Sofia）五十二歲時中風，失去說話能力，右側身體癱瘓。但這些症狀幾週內就消失了，她看上去已經完全康復。蘇菲亞放下心中大石，以為自己幸運撐過足以致命的生命經驗，而且沒有留下後遺症。但是中風大約一年後，她開始出現一些極不尋常的新症狀。

起初是頭痛，經常伴隨噁心感。她以前從來不會偏頭痛，但她心想這應該就是偏頭痛。接著她開始腳步不穩。走路時步履蹣跚，彷彿有點喝醉的樣子。視覺也出現問題，尤其是看不清右側的東西。她還發現自己變得非常健忘。然後——令她大惑不解的是——她不會寫字了。

蘇菲亞因為這些新問題回到醫院。她認為自己應該是再度中風——不然怎麼解釋這些讓人擔憂的症狀呢？她運氣不錯，醫生沒有找到中風的跡象。但醫生懷疑她的大腦供血不足——可能是因為大腦動脈變厚、變窄——造成了這些症狀。

醫生仔細檢查了她的寫字能力。她做得出寫字的動作，但寫出來的字難以辨認。她寫的字母歪七扭八，而且不是由左至右水平書寫，而是朝上下左右、四面八方發展。抄寫現成的文字時表現得比較好，但即便如此，她也只能正確複製單字；抄寫段落肯定歪歪斜斜，寫得愈多、錯誤愈多。

醫生為蘇菲亞做檢查時，發現了更多奇怪的症狀。她理解不了數字。連簡單的計算也看不懂。因此在短短幾週裡，蘇菲亞從感恩自己順利康復，變成失去了兩種她從小就擁有的、穩定可靠的認知表現：書寫和計算。

不只如此。蘇菲亞還有一種奇怪的症狀：她認不得自己的手指，也分不出手指之間的區別。醫生請她用左手觸碰右手中指，她顯然聽不懂——而且有點不好意思。她摸了摸左手食指，然後一臉無助地看著醫生。

「你聽得懂我的要求嗎？」醫生問。

「聽得懂，」她說。

「你可以重複一次我的要求嗎？」

「用左手觸碰右手中指。但是……我不確定右手中指在哪裡。」

「你能描述一下右手中指嗎？」

「應該可以……它通常比其他手指更長，而且……位在中央。」

「但是你不知道右手的哪一根手指是中指？」

蘇菲亞再次凝視雙手，指向中指與無名指之間的指縫——左手的。

雖然很奇怪，但蘇菲亞認不得手指的情況是一種已知（但罕見）的障礙，叫手指失認症（finger agnosia）。第十章介紹過，失認症是一個通稱，用來描述有辨認困難的精神障礙——患者辨認不出的東西形形色色、不一而足，例如臉孔、生物、動作等等。失認症不是感覺缺陷造成的。換句話說，手指失認症患者依然看得見，只是他們無法辨認自己的手指。有患者形容自己的手指是「沒有區別的團塊」，還說要選出個別手指「幾乎不可能」。〔10〕

蘇菲亞接受手指辨認測驗時，還有一個問題令她的障礙變得更加複雜：她不理解「左」和「右」。除了手指之外，其他身體部位她都認得，例如耳朵、眼睛等等。但是當醫生請她指出身體某一側的某個部位時，她答對的機率跟拋硬幣差不多。

10 M. Kinsbourne and E.K. Warrington, "A study of finger agnosia," *Brain* 85 (March 1962): 47–66.

蘇菲亞的案例獨一無二，因為她有四種極度特殊的症狀：不會寫字，不會計算，手指失認症，左右不分。這個案例的原型，是一九二〇年代奧地利神經科醫師約瑟夫．格斯特曼（Josef Gerstmann）治療過的一名患者。格斯特曼知道這名患者的症狀很獨特，於是發表了一篇與她有關的案例報告。〔11〕十年後，這些綜合症狀被稱為格斯特曼症候群（Gerstmann syndrome）。

格斯特曼假設，這種症候群可能是頂葉受傷造成的。〔12〕他的假設基礎是頂葉參與了一個人對身體的感知（手指失認症患者這方面的感知似乎受到破壞）。但後來有神經科家質疑他的假設，他們認為頂葉裡似乎沒有一個區域，能解釋格斯特曼症候群裡所有的失能症狀。

比較晚近的研究發現，格斯特曼症候群或許是大腦區域之間的連結受傷所導致。雖然這些區域有不少位於頂葉，但發生格斯特曼症候群，似乎是因為執行不同功能的大腦區域之間，傳導路徑受到阻礙，而不是大腦區域本身受到傷害。〔13〕

• • •

我們對格斯特曼症候群的認識仍在持續演進。如同本章介紹的其他精神障礙，格斯特曼症候群也展現了大腦連結路徑的重要性。若缺少有效的溝通管道來傳遞資訊，個別大腦區域會變成一座座孤島，失去溝通能力的腦區形同沒有功能。了解神經網絡的重要性，代表神經科學領域的觀念正在改變——或許最終可以幫助我們解釋最稀奇古怪的某些神經系統異常。

11 E. Rusconi and R. Cubelli, "The making of a syndrome: the English translation of Gerstmann's first report," *Cortex* 117 (August 2019): 277–83.

12 J. Gerstmann, "Syndrome of finger agnosia, disorientation for right and left, agraphia and acalculia," *Archives of Neurology & Psychiatry* 44, no. 2 (1940): 398–408.

13 E. Rusconi, P. Pinel, E. Eger, D. LeBihan, B. Thirion, S. Dehaene, and A. Kleinschmidt, "A disconnection account of Gerstmann syndrome: functional neuroanatomy evidence," *Annals of Neurology* 66, no. 5 (November 2009): 654–62.

CHAPTER

12

假作真時真亦假

REALITY

六十七歲的奧莉維亞（Olivia）正在廚房裡泡茶——這件事她已做過幾千次，不期待這次會有多特別。但她正要打開茶包的那一刻，雙手出現一種奇怪的感覺。她的手彷彿快速膨脹，短短幾秒內，就變成正常尺寸的五倍。奧莉維亞貌似巨大的雙手要打開小小的茶包，簡直就是不可能的任務。

儘管她的手感覺起來像卡通片那樣大得誇張，但目測依然是正常大小。這使她相信這是某種感知扭曲，所以她試著冷靜下來。她告訴自己，這種奇怪的感覺會慢慢消失。幾分鐘後確實消失了，她感覺雙手恢復正常。

但是隔天又發作了一次，這次奧莉維亞覺得身體的比例扭曲變異。當時她坐在躺椅上正要站起來，突然覺得身體像一顆膨脹中的氣球。她出於本能縮著肩膀、低著頭，生怕撞到天花板。她用蹲伏的姿勢走進浴室照鏡子，想確認這次是否跟昨天一樣，異狀只發生在自己的腦袋裡。

奧莉維亞走著走著，出現另一種更加暈頭轉向的怪異感受。她明確感受到自己正在飄向天花板。

她腳步踉蹌走進浴室照鏡子，確定了自己的身體仍是正常尺寸。問題是，她的感覺告訴她，她的身體巨大到幾乎塞不進這間小小的浴室。而且她認為自己必須緊緊抓著洗手台才不會飄到天花板上。這次也一樣，奇怪的感覺幾分鐘後就消失了。

接下來的一個星期，奧莉維亞又發作了好幾次。有時候是雙手變大，有時候是雙手變小。她在第一次感覺身體膨脹之後，又發生過三次明顯感覺身體縮小。

她跑去看醫生，醫生檢查她的眼睛，掃描她的大腦尋找重大疾病的跡象，例如腫瘤或中風，還做了其他幾項檢查。一切正常。不過奧莉維亞最近開始服用抗憂鬱藥物舍曲林（sertraline，商品名左洛復〔Zoloft〕比較有名），她透露十年前也吃過舍曲林，當時出現過類似的感覺。一週後，症狀消失了，醫生推測這些症狀是極其罕見的藥物副作用。〔1〕

▼愛麗絲夢遊仙境症候群

奧莉維亞經歷的情況叫做愛麗絲夢遊仙境症候群（Alice in Wonderland syndrome，簡稱AIWS）。至於為何如此命名，對路易斯·卡洛爾（Lewis Carroll）的知名童書《愛麗絲夢遊仙境》（或是改編版的電影）稍有了解的人，應該一看就知道。愛麗絲在書中跳進

1 M. Vilela, D. Fernandes, T. Salazar Sr., C. Maio, and A. Duarte, "When Alice took sertraline: a case of sertraline-induced Alice in Wonderland syndrome," *Cureus* 12, no. 8 (August 2020): e10140.

兔子洞，進入一個神祕的世界，態度隨意地喝下或吃下各種來路不明的東西後，身體要不忽然變大，要不忽然縮小。有趣的是，有人猜測卡洛爾本身因為慢性偏頭痛的緣故，經歷過AIWS之類的症狀。

AIWS患者也像愛麗絲一樣，經常感覺到東西——包括自己的身體與其他物品——比實際尺寸更大或更小。雖然這是AIWS最常見的症狀，但AIWS的案例之間存在著顯著的個別差異，有紀錄的症狀將近六十種，包括：覺得三維的物體是二維或平面的，眼中所見均染上一層顏色，視野有多個重影（很像透過昆蟲的眼睛看世界），感覺時間變快或變慢，感覺身體被一分為二。AIWS發作時的難受，筆墨難以形容。

大部分的症狀都不是幻覺，而是**感覺扭曲**（sensory distortions）。兩者的差別在於，幻覺是無中生有——沒有引發幻覺的刺激物，完全是大腦憑空創造出來的。感覺扭曲則是對環境裡某樣東西的感知產生變化，致使它與現實不再相符。不過，AIWS伴隨幻視與幻聽並不少見。

一般認為AIWS屬於罕見病症，但實際的盛行率難以估計，因為AIWS連明確的診斷標準都尚未確立。但是在相對較常見的偏頭痛患者之中，AIWS的盛行率高得驚人：據信偏頭痛患者發生AIWS的頻率高達十五％。〔2〕AIWS與偏頭痛密切相關的原因不明，但AIWS也和其他疾病存在著關聯，例如癲癇、傳染病（例如人類疱疹病毒第四型〔Epstein-Barr virus〕和萊姆病）、中風等等。

▼體內和體外資訊整合失敗

AIWS的神經科學作用，經常涉及處理視覺或體覺（somatosensory，意思是與身體感覺有關）資訊的大腦區域。神經成像研究顯示，AIWS的症狀與顳葉、枕葉、頂葉、頂葉交會處的異常活動有關——這個區域有時被稱為顳頂枕交界區（temporo-parieto-occipital junction，簡稱TPO區）。對於來自枕葉的視覺資訊與頂葉的體覺資訊，TPO區是進行整合的關鍵區域，資訊整合之後，可為我們自己和外部世界建立一個內在模型。我們在第二章討論過身體基模，這個內在模型可說是身體基模的放大版——將自我的虛擬形象融入環境的虛擬形象裡，使我們擁有與周遭世界互動的能力。

TPO區也叫做大腦的聯合區（association area），從這個名字可以看出神經科學家習

2 J.D. Blom, "Alice in Wonderland syndrome: a systematic review," *Neurology Clinical Practice* 6, no. 3 (June 2016): 259–70.

慣將大腦皮質分成三大區：感覺區、運動區、聯合區。感覺區負責接收與處理感覺資訊，例如觸覺、嗅覺、味覺等等。前面討論過的初級視覺皮質和初級體覺皮質，都屬於感覺區。

運動區當然和運動有關。前一章討論過的運動皮質名字取得很貼切，它正好就是運動區的一部分。運動區負責製造要傳送給身體的運動相關訊號，也會根據我們想要達成的目標來規劃運動和選擇行為。

聯合區將感覺資訊和運動資訊結合在一起，用來理解世界以及與世界互動。想當然耳，感覺區受傷可能會造成感覺缺陷，運動區受傷可能會破壞自主運動的能力，但聯合區受傷帶來的損害比較難以預料，也比較複雜。前面討論過的失認症與偏側空間忽略，就是這樣的例子。

AIWS的某些症狀，可能是因為TPO區的聯合區受到破壞造成的，因為這些聯合區負責整合體內和體外的資訊。例如，我們能夠正確理解自己與外在物體之間的相對關係（包括大小和距離），是因為TPO區裡的某些

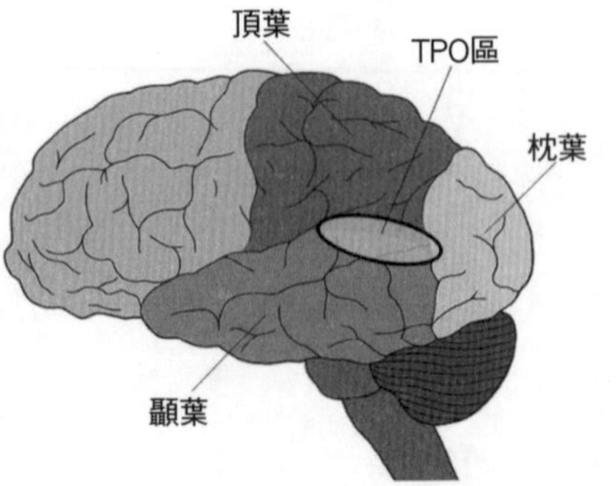

部分發揮了作用，若這些部分受傷，我們可能會有感覺自己的身體或外在物體太大或太小的症狀。〔3〕

AIWS的相關症狀五花八門，大腦裡發生什麼事才會導致AIWS，主要取決於患者本身的特定情況（患者的症狀各不相同，很可能是牽涉到不一樣的大腦機制）。正因為如此複雜，AIWS的神經生物學原理仍有許多尚待回答的問題。不過，AIWS使我們明白大腦負責的感覺處理非常精細，一旦受到破壞，你的感受可能會更像童書裡的魔幻情節，而不像普通的日常生活。

▼盲人的幻視——查爾斯・邦納症候群

我在前面提過AIWS是一種感覺扭曲，原因是大腦錯誤解讀感覺資訊，或是沒有將感覺資訊好好整合。但是只要條件對了，大腦居然也很擅長無中生有——製造幻覺——這委實令人驚訝，因為大腦傾向於忠實重現環境。大腦確實可以創造讓你的眼睛分

3 G. Mastria, V. Mancini, A. Viganò, and V. Di Piero, "Alice in Wonderland syndrome: a clinical and pathophysiological review," *Biomed Research International* (December 2016): 1–10.

不出真假的幻象，只是它幾乎不會這麼做，除非受了傷，或是受到強力致幻藥物影響。

在沒有其他感覺現象（sensory phenomena）的情況下，幻覺的威力尤其顯著——例如影響盲人的幻視。這種幻視叫做查爾斯・邦納症候群（Charles Bonnet Syndrome）。你或許還記得第一章介紹過這名科學家，他發表了第一篇後來被稱為科塔爾症候群的案例。而早在邦納寫下科塔爾症候群症狀的幾十年前，他就曾記錄因白內障失明的祖父產生的幻覺。直到幾乎兩百年後（一九六七年），科學家才重新發現邦納的這份紀錄，並以他的名字為這種症候群命名——這是史上第一次有人詳細描述這種病症。

查爾斯・邦納症候群簡稱CBS，患者雖然視力有障礙——而且以嚴重視障居多——卻能看見栩栩如生的幻覺。幻覺的內容可能很單純，例如視野內出現幾何圖形，或是有小斑點在視線內移動（很像隨著年紀出現的飛蚊症，只是症狀較極端）。但有些CBS患者的幻覺內容很複雜。

一八四五年，一名叫做楚門・阿貝爾（Truman Abell）的醫生寫信給《波士頓內科與外科期刊》（*Boston Medical and Surgical Journal*），詳述了他自己的CBS幻覺。〔4〕楚門五十九歲的時候（一八三八年），右眼視力開始衰退。四年內他的視力逐漸惡化，後來連左眼也淪陷，最終完全失明。不久之後，他開始出現令人驚奇的幻視。

一八四三年秋天的某一天，楚門獨自一人坐在壁爐旁邊，他抬眼一瞥，看見一名女子坐在離他不遠的地方，手裡抱著一個嬰兒。幾分鐘後，女子消失了。但她才消失沒多久，楚門立刻看到一個小孩站在他的椅子旁邊，抬頭望著他。楚門知道這肯定是幻覺，但這幻覺非常真實，他不禁想要伸手摸摸這個孩子——當然，他什麼也沒摸到。

接下來的一年裡，楚門的幻覺內容愈來愈複雜。一八四四年初，他經常清楚看見各式各樣的人與動物。他曾經連續三週看見一匹灰馬站在身旁，亦步亦趨。到了夜晚，他會看見一大群人走進他的房裡。他們經常走到他的床邊低頭看他——只是直直盯著他看，什麼也沒說。

楚門家的牆壁也經常消失，他一眼望去就是開闊的田野，在陽光下閃閃發光——即使當時正值半夜。有天晚上十點左右，楚門看見一群牛跑來踐踏他家。起初他擔心自己會被踩死，但他提醒自己這群牛只是幻覺，牠們很快就穿過他家，消失不見。

有一次楚門夜裡醒來，看見幾百人站在他的床尾，整齊的隊伍排成長長的人龍，男女老幼都有。他們看上去專心無比——或許是在聽某個人講話，但這樣的細節楚門難以

4 T.W. Abell, "Remarkable case of illusive vision," *The Boston Medical and Surgical Journal* 33 (1845): 409–13.

分辨。十五到二十分鐘後，這群人慢慢散去，消失在夜色裡。

還有一次楚門醒來時，發現他家的牆壁又消失了，眼前是一片寬廣的平原，平原上有一支軍團排成兩列縱隊，一眼望去看不到隊伍的盡頭。這支看上去無窮無盡的軍團齊步從他身旁走過，時間很長，持續到隔天傍晚仍未結束。然後軍人突然轉身向西邊走去，慢慢消失在地平線上。大約一週後，楚門躺在床上時，再次看見一大群人，這次是騎馬前行，人數多到一眼難以估算，目測隊伍寬度長達數百公尺。他們排成縱隊從他身旁走過，時間長達幾小時。

以CBS患者來說，楚門的幻覺非常精彩，但是他的情況不算特別。經常有CBS患者說自己看見人、動物、物體等等——而且有時幻象之間的關係很奇特，例如「蛇從人的頭裡面爬出來」。[5]雖然看到奇特怪異的幻象，但CBS患者不太會因為幻覺感到痛苦。他們通常都知道眼前所見不是事實，可以靜靜等待幻覺消失。

別忘了，這些患者的共同點是，都有某種程度的視障；許多患者甚至是全盲。但他們能「看見」最異想天開的幻覺。許多CBS患者都說，幻覺比他們親眼看過的任何東西更加生動逼真。這怎麼可能呢？

▼幻覺源自大腦的平衡機制？

有許多假設試圖解釋CBS，最多人接受的假設與體內平衡（homeostasis）有關。高中生物課教過體內平衡，你或許還記得——高中生物課教過的觀念我有印象的不多，體內平衡是其中之一，還有至理名言：「粒線體是細胞發電機」。生物學的體內平衡，指的是生物系統傾向於維持某種程度的穩定或平衡。

CBS的體內平衡假設是：大腦仰賴視覺獲得理解世界的關鍵資訊，當視覺資訊停止輸入後，大腦似乎會設法將視覺資訊恢復到它所期待的穩定程度。有一種方法是透過排除障礙來解決問題——就像你用筆電看影片看到一半突然靜音一樣，你可能會把主音量往上調，如果沒用，你可能會打開完整的音量控制介面，把每一個音量控制項都調一調，希望調對其中一個就能解決問題。

同樣地，大腦也會把各種機制的控制項都調高或調低，看看能否恢復它非常依賴的視覺刺激。某些調整使視覺系統的細胞變得敏感，容易受到刺激。可以說，大腦提高了

5 M.E. McNamara, R.C. Heros, and F. Boller, "Visual hallucinations in blindness: the Charles Bonnet syndrome," *International Journal of Neuroscience* 17, no. 1 (July 1982): 13–15.

視覺系統的敏感程度，視覺系統因此變得更加活躍。

但這樣的改變也讓視覺系統變得有點草木皆兵。這個區域的神經元進入超興奮狀態——隨時準備放電——因為如此，它們較有可能在沒有外部視覺刺激的情況下自動放電。於是，雖然沒有視覺刺激，原本應由視覺刺激啟動的神經元仍被啟動。它們向大腦各處傳送訊號，通報實際上並不存在的視覺刺激，創造出幻覺。

▼如何引發幻覺

因為感覺剝奪導致大腦過度興奮、神經元自動放電與產生幻覺的情形，並不是CBS獨有的症狀。事實上，引發幻覺的一個很可靠的方法，就是剝奪正常的感覺輸入。例如被單獨監禁在黑暗裡（或蒙上眼睛）的囚犯，就經常出現生動的幻覺。〔6〕完全遮光、隔音且密閉的「感覺剝奪艙」（sensory deprivation tank），就是為了盡量消除感覺刺激而設計的，宣傳總說這種設備是引發幻覺的好方法（實際上也受到追求迷幻感受的人所喜愛）。〔7〕

研究者也曾利用感覺剝奪來引發幻覺。例如二〇〇四年有一項研究，實驗者讓十三名受試者一天二十四小時都蒙著眼睛，持續五天，觀察蒙眼是否會引發幻視。答案是：會。十三人中有十人出現幻視。有人看見單純的閃光，也有人看見CBS患者那種複雜的畫面。例如有位受試者說：「我看到一個滿臉皺紋的老太太……她面向我。她好像坐在飛機座椅上……然後場景變了，從女人的臉變成老鼠的臉，不是變小，而是五官變成老鼠。」〔8〕

有些受試者的幻覺是過了幾天才出現，但有些受試者蒙眼幾小時就看見幻象。幻覺有可能來得這麼快，或許能證明另一個感覺剝奪也可能造成幻視的假設。這個假設認為，自發活動（由大腦主動產生，與環境刺激無關）在視覺皮質裡經常發生，但是在正常情況下，這種自發活動會被源源不絕、來自眼睛的真實視覺資訊淹沒。真實的視覺資訊中斷後，自發活動變成視覺訊號——進而引發幻覺。這種假設與前面提過的體內平衡

6 R.K. Siegel, "Hostage hallucinations. Visual imagery induced by isolation and life-threatening stress," *The Journal of Nervous and Mental Disease* 172, no. 5 (May 1984): 264–72.

7 O.J. Mason and F. Brady, "The psychotomimetic effects of short-term sensory deprivation," *The Journal of Nervous and Mental Disease* 197, no. 10 (October 2009): 783–85.

8 L.B. Merabet, D. Maguire, A. Warde, K. Alterescu, R. Stickgold, and A. Pascual-Leone, "Visual hallucinations during prolonged blindfolding in sighted subjects," *Journal of Neuro-Ophthalmology* 24, no. 2 (June 2004): 109–13.

假設並不互斥；不同的幻覺經驗可能會牽涉到稍微不一樣的機制——或是很多種機制。

總之，幻覺的共同特徵是：出現哪一種幻覺，大腦裡專門處理這種感知的區域就會變得活躍。例如，研究者將CBS患者送進神經成像儀器測量大腦活動，發現患者幻視時變活躍的大腦區域，在他們看見類似的圖片時也會亮起來。〔9〕具體的說，就是看見臉孔的幻覺，與（大腦裡專門處理臉孔視覺資訊的地方）梭狀臉孔腦區的活動有關（參見第十章）；有顏色的幻覺，則與處理色彩的大腦區域有關，以此類推。

因此，與幻視有關的大腦活動，和我們實際看見東西時的大腦活動非常相似，但幻視與視網膜活動無關，與將視覺資訊從眼睛傳送到大腦的路徑也無關。也就是說，幻覺出現的時候，神經訊號僅發生於大腦內部。但除此之外，幻視與視覺之間幾乎沒有差別。其他感覺的幻覺（例如聽覺、觸覺等等）也是一樣。

CBS幻覺有一個值得注意的現象，那就是幻覺中經常出現人，但幾乎都是陌生人。幻覺通常都與患者本人毫無關聯，也幾乎不會與產生幻覺的人互動，頂多就是做做表情與手勢。這種類型的疏離與我接下來要討論的幻覺大不相同，因為那是與個人密切相關的幻覺。事實上，應該沒有比這種幻覺更私密的事了。

▼見鬼

七十歲的莎莫翠西亞（Samotracia）開始接受精神科醫師卡洛思・史勒斯基（Carlos Sluzki）的治療，這是加州一所服務低收入患者的診所。〔10〕此前她接受另一位治療師的治療已有兩年，但成效甚微。之前的治療師診斷她有思覺失調症，她使用了思覺失調症的藥物後，症狀沒有改善，心理治療也不見效果。她希望換個治療師能使她的病情好轉——最好是像史勒斯基醫生這樣，文化背景多元的雙語醫生。

經過最初的幾次諮商，史勒斯基醫生得知莎莫翠西亞的人生故事。她在墨西哥出生，年紀很小就與丈夫結婚，然後兩人一起偷渡到美國。夫妻倆育有四名子女（兩個兒子、兩個女兒），後來因為丈夫酗酒以及酒後施暴而分居。莎莫翠西亞生活艱苦，一邊全職工作，一邊撫養四個孩子。

現在她七十歲了，跟兩個女兒的感情都很好。母女經常通電話，她偶爾也會去女兒

9 D.H. Ffytche, R.J. Howard, M.J. Brammer, A. David, P. Woodruff, and S. Williams, "The anatomy of conscious vision: an fMRI study of visual hallucinations," *Nature Neuroscience* 1, no. 8 (December 1998): 738–42.

10 C.E. Sluzki, "Saudades at the edge of the self and the merits of 'portable families,'" *Transcultural Psychiatry* 45, no. 3 (September 2008): 379–90.

家看她們。兩個兒子都已往生多年。一個是十幾歲的時候死於幫派暴力事件，另一個三十三歲時死於愛滋病。

看了幾次診之後，史勒斯基醫生覺得很奇怪，為什麼之前的治療師會診斷莎莫翠西亞有思覺失調症。思覺失調症可能有各式各樣的症狀，包括缺乏情感表達、妄想與幻覺等等，可是到目前為止，她沒有表現出任何思覺失調症的特徵。但是當話題轉移到兒子身上時，史勒斯基醫生終於明白是怎麼回事。

她說，這幾年過世的兩個兒子每週會來看她三、四次，通常是晚上，在她吃完晚餐休息的時候。母子間的對話很正常，兒子跟她談天說笑，要她放心，不用擔心他們——他們過得很好。

如果她的兒子尚在人世，應該也會像這樣來家裡看她。她的兒子有點「愛胡鬧」，但他們都是善良、敬愛母親的好孩子。他們甚至舉止得體，在莎莫翠西亞想去洗澡或換衣服時，會暫時迴避。他們只來家裡找她，不會出現在其他比較公開的場合。而且他們看起來與真人無異。莎莫翠西亞告訴史勒斯基醫生：「醫生，通常我可以清楚看見他們，也能聽見他們說話，就像我能清楚看見你一樣。」

莎莫翠西亞說，她認為兒子來看她，不太可能是超自然現象，有可能是她自己想像出來的。與此同時，她不是很確定——她沒有花太多心思在這件事上，因為怕心生懷疑會影響兒子來訪的頻率。因為自己做了什麼導致兒子不再出現，是她最不希望發生的事。她認為能夠經常看見兒子是一種恩賜——她因此能與四個孩子維繫感情，自從兒子多年前離世之後，這一直是她的願望。

史勒斯基醫生認為莎莫翠西亞能見到兒子，是一種健康的應對機制，幫助她處理喪親之痛。她只有「看見死去的兒子」這個症狀符合思覺失調症的診斷標準（必須要有其他症狀才符合正確診斷），所以史勒斯基醫生判定她沒有思覺失調症。他認為莎莫翠西亞看見兒子來訪屬於幻覺，但是他沒有設法消除這些幻覺。接受史勒斯基醫生的治療一年多之後，莎莫翠西亞搬到另一個地方居住，她仍然經常跟兩個兒子碰面。

▼過世的親人回來了——喪親幻覺

你會如何解釋莎莫翠西亞的情況，或許取決於你的文化背景與個人信仰。人類聲稱自己邂逅亡靈當然不是什麼新鮮事——古代的美索不達米亞就已留下鬼魂的紀錄。即使到了現代，世上幾乎每一種文化都有鬼魂。二〇一二年有一項針對美國人的調查發現，

二十%的美國人說自己看過鬼，四十一%相信世上有鬼。〔11〕〔12〕

過去五十年來，研究者對此類事件愈來愈感興趣——不算是真實的超自然體驗，而是悲傷引發的感知障礙，也叫做**喪親幻覺**（bereavement hallucinations）。在這個情境裡用「幻覺」一詞其實有爭議，因為這意味著它是一種病，但事實上許多心理健康專家都認為，這樣的經驗對喪親之後的療癒有幫助。而且很多有過喪親幻覺的人都相信，這些經驗代表他們與亡者的真實互動，用「幻覺」來描述並不正確。

因為這種類型的相遇往往是非常個人化的經驗，而且僅對經歷的人自己有意義，所以我不想用科學的角度來嘗試解釋，以免忽視或貶損了這些經驗的重要性。除此之外，科學家本來就會避免提出與超自然現象有關的假設，因為超自然現象很難（或不可能）驗證。因此科學家在嘗試解釋看見過世親人這樣的事件時，會選擇已知、可驗證、可複製的答案——例如幻覺；而不是採用他們了解不多、無法驗證、無法複製的解釋——例如來自陰間的訪客。當然，如果能取得與鬼魂互動的證據，科學家勢必會改變固有的觀念。在那天到來之前，科學會繼續假設超自然現象不能用來解釋日常生活。所以我在這裡使用喪親幻覺一詞，是因為它簡潔地反映出，目前科學界對這種事件的看法。

研究顯示，喪親幻覺相當普遍。有一項研究分析了二十一篇論文，發現曾經失去親朋好友的人之中，超過半數曾有喪親幻覺之類的經驗。他們的經驗不盡相同。最常見的是單純感覺到亡者在身旁——在所有幻覺裡占比四十%。有過喪親幻覺的人之中，超過二十二%曾與亡者交談，超過二十%曾看見亡者。有些人只是聽見聲音，有些人能聞到或摸到亡者。〔13〕〔14〕

研究發現喪親幻覺在寡婦與鰥夫身上較為普遍。有一項研究以養老院居民為對象，發現六十一%的寡婦曾在丈夫過世後，感覺到丈夫的存在。其中七十九%是看見丈夫，十八%曾與丈夫交談。〔15〕研究者推測，喪偶的人之所以比較容易出現喪親幻覺，單純是

11 “Two in Five Americans Say Ghosts Exist—and One in Five Say They’ve Encountered One,” *YouGovAmerica*, last modified October 21, 2021, https://today .yougov.com/topics/entertainment/articles-reports/2021/10/21/americans-say-ghosts-exist-seen-a-ghost.

12 此外，有十一%的受訪者說自己看過魔鬼，十一%說自己看過其他超自然生物。四%說他們遇過狼人，三%看過吸血鬼；不過這份調查的樣本誤差範圍是四%，所以狼人跟吸血鬼或許可以忽略不計。

13 K.S. Kamp and H. Due, “How many bereaved people hallucinate about their loved one? A systematic review and meta-analysis of bereavement hallucinations,” *Journal of Affective Disorders* 243 (January 2019): 463–76.

14 值得注意的是這項研究後來被撤下，原因是抄襲，而不是研究方法有問題。因此，研究結果似乎是可信的。我引用這項研究只是因為相關主題的研究不多，而它是近年來最完整的研究。

15 P.R. Olson, J.A. Suddeth, P.J. Peterson, and C. Egelhoff, “Hallucinations of widowhood,” *Journal of the American Geriatrics Society* 33, no. 8 (1985): 543–47.

因為他們對亡者存有強烈而長期的情感依附；切斷情感依附為他們帶來更多痛苦，大腦也更有可能以產生幻覺經驗來回應。

神經科學家當然對喪親幻覺出現時的大腦活動很感興趣。他們提出的其中一種假設，與大腦的預測編碼（predictive coding）機制有關。這個假設認為，大腦最重要的功能之一（也有人說是最重要的功能，沒有之一），是結合過往資訊與當下正在發生的事，預測接下來即將經歷什麼。預測編碼時時刻刻都在進行，許多神經科家認為它是感官知覺的基礎。

比如說，你只要環顧四周就會被感覺資訊轟炸。這確實可用猛烈的數據攻擊來形容。前一章提過，視網膜每秒傳送給大腦的資訊量，約為一千萬位元。〔16〕這還只是來自視覺系統的資訊。你的大腦必須隨時做好準備，處理來自其他感覺系統、資訊量同樣龐大的訊號：聽覺、嗅覺、觸覺、味覺等等。〔17〕大腦必須處理所有的原始數據才能加以理解——為了能在遇到威脅生命的情況時利用這些資訊，大腦一收到資訊就必須立即處理（這是演化的結果）。

大腦為了維持它運作的效率，會根據現有的資訊猜測未來。比如說，如果你在自家的房間看見你的夾克掛在門後，這完全符合大腦的預測：門後有一件夾克。但現在換個場景，想像你在姑媽家的老房子過夜，她家總是有一股怪味，而且氣氛陰森。你半夜起床喝水，沒有開燈，僅靠月光照明，輕手輕腳走在黑暗中，冰冷的木地板咯吱作響。這時你突然瞥見鏡子裡的自己——以及你身後站著一個巨大身影，嚇得你動彈不得。你心跳加速，害怕地轉身想把那個不祥的影子看清楚，心想它一定是你死去的姑丈，或是某個在這棟發霉老屋流連多年的搗蛋鬼。你轉頭一看，發現……那只是門後掛著一件夾克。

相同的刺激在不一樣的情境裡造成截然不同的效果，這是因為你的大腦看見的夾克不只是夾克，它還會根據過往經驗以及你當下的身心狀態，來推測它看見的東西可能是什麼。因為你在姑媽家情緒緊繃，大腦得到的暗示是「這裡可能有危險——保持警戒」。因此，它將尚未明確的刺激預測為潛在威脅。當然，一旦判斷預測失準，它也會做出調整。

根據預測編碼的觀點，我們的感覺經驗是先預測，再用經驗來確認預測——而不是忠實反映周圍發生的事情。也就是說，大腦不是直接感知，而是先依照預測建構感知。只有當現實和預測不相符的時候，大腦才會做出調整，讓你更直接的去感受真實世界。

16 K. Koch, J. McLean, R. Segev, M.A. Freed, M.J. Berry II, V. Balasubramanian, and P. Sterling, "How much the eye tells the brain," *Current Biology* 16, no. 14 (July 2006): 1428–34.

17 「等等」的意思是科學家認為我們除了傳統的五感之外，還有其他感覺。例如，本體感覺是身體的空間感，平衡的感覺叫平衡感（equilibrioception），疼痛的感覺叫傷痛感（nociception），以此類推。

從這個意義上來說，你所有的經驗都是幻覺——只不過是大腦控制下的幻覺。真正的幻覺，例如前面討論的喪親幻覺，有可能正是大腦的預測壓制了它調整修正的傾向。換句話說，大腦可能更重視預測、不重視現實，於是預測成為你認定的現實。

為什麼大腦會犯這種錯誤呢？原因很多，失去至親的痛苦就是一個明顯的原因。這種巨大壓力可能會使大腦錯誤高估預測的重要性。除此之外，如果是長年存在的人，大腦會比較習慣預測他們人還在。以寡婦的例子來說，丈夫曾在家裡和她一起生活五十年，大腦預測他仍在家裡或許並不奇怪——雖然他已經死了。每個人在文化、宗教、精神上的信念，也深深影響他們是否會假定逝去的親友依然存在。例如，對不太相信這種事情的人來說，大腦比較不可能預測亡者出現。

話雖如此，假設終究只是假設。喪親幻覺很難研究，因為無法提前知道發生的時間，也不可能在實驗室裡複製。因此我們不知道喪親幻覺出現時，大腦裡到底發生了什麼事。在找到答案之前，誰敢說喪親幻覺不是真的與亡者互動呢？

結語 Conclusion

精神病學對精神障礙的傳統態度是全有全無：患者要麼有精神障礙，要麼沒有精神障礙。判斷基於一套明確的診斷標準。但現在科學家愈來愈接受一種觀念：幾乎任何類型的行為都可視為光譜的一部分——一端是過度，一端是零。

兩個極端當然都可能造成問題，但是多數時間待在光譜中段的人，也逃不過異常行為——我們每個人時不時都會這樣。例如明明沒有強迫症，卻偶爾會有偏執的念頭，時不時出現強迫行為。強迫症患者與普通人的差別在於，強迫行為的程度與頻率高到成為生活裡（已達診斷標準）的主要障礙。

這本書討論過的許多行為也一樣。儘管有些行為看起來很怪，其實它們也位在正常的人類行為光譜上，只是位置比較極端——而且我們對這些行為並非完全陌生。比如說，有很多人會把朝夕相處的東西人格化（你有沒有對科技產品發過脾氣，彷彿故障是為了跟你作對？），誤解身體的運作方式，或是在不同情境裡表現得像不同的人。雖然我們已經知道，普通的人類特徵被異常放大，可能會變成病態的、令人招架不住而且非常痛苦的行為，但這些病態行為與正常行為系出同源，這或許能使我們多少對這些不尋常的案例感同身受。

而在光譜的另一端，有些案例明顯失去了我們原本以為永遠不會失去的能力。但我們對他們失去的能力很熟悉，所以也能夠理解他們的經驗。我們可以體會失去閱讀、說話、辨認臉孔的能力會有多大的影響，因為這些都是我們每天仰賴的能力。

我想說的是，這本書裡討論的許多行為看起來很古怪，但其實患者的大腦和你我的大腦差別不大。患者的某些傾向（例如重度依賴社會資訊）是人類的共同特徵。有些行為只有在大腦出問題時才會出現，但它們都與正常人類經驗的過度強化或弱化有關。我曾多次提到，這本書裡出現過的神經系統劇變的情況，我們每一個人都有可能碰到。因此，雖然這本書描寫的是光怪陸離的大腦現象，但我希望讀者不要覺得這些行為只是奇怪的特例，它們也是全人類境況中的實例。毫無疑問，它們都是人類行為的一部分。

如果你的大腦運作如常，恭喜你。請好好珍惜現在。因為你的大腦——以及身體其他地方——不會永遠正常運作。大腦是偉大的機器，但一如所有機器，故障在所難免。

趁著現在大腦功能良好，充分利用它：創造回憶，體驗情感，享受歡樂（也練習節制），深入思考，善用身體——把大腦允許你做的事情都做一遍，而且全情投入、樂在其中。不要覺得大腦和大腦賦予你的能力沒什麼大不了。

但或許同樣重要的是，發揮同理心對待那些大腦用不同方式運作的人。老實說，每個人的大腦都存在著一些「異常」。很多人是隱藏異常思維的高手——他們用盡一切手段，把自己的異常之處藏得密密實實。但是你對大腦了解得愈多，就愈明白「正常」的大腦是個有點不切實際的想法，至少以我們對大腦的刻板觀念來說是如此。人無完人，有時我們心裡就是會冒出阻礙快樂、理智與身心健康的想法和感受。不管是發生在自己還是別人身上，只要接受這個事實並且對它抱持開放態度，就能夠大幅提升社會的集體心理健康。

謝詞 Acknowledgments

當你決定寫一本書的時候，沒有人會告訴你這件事有多難。當然，這是我的第二本書，所以我上次就已經學到教訓。但是寫這本書的過程中，我碰到一些意想不到的挑戰。這本書的內容大多是在新冠疫情期間完成，與此同時我還在賓州大學教書——通常是從家裡遠距教學，因為我和家人居家隔離的時間很長。我有時候想想都會苦笑：我正在寫一本主題是人類精神障礙的書，但工作壓力與難料的世事一直在攪動我的心理狀態。如果沒有家人，我不知道自己能否維持心理穩定以完成這本書。因此，我第一個要感謝的是家人。

我的妻子米雪兒是我最要感謝的人——我對她的感激就算用一頁謝詞也表達不完。謝謝你了解我的各種奇怪，你非但沒有手刀逃走，反而試著用體諒與關懷接納我的奇怪。謝謝你一直支持我的各種嘗試，即使它們看起來不太明智或時機不對。我過去十年來的成就，是因為有你的支持才得以實現。

還有凱（Ky）與菲亞（Fia），過去這幾年，雖然你們偶爾是我崩潰抓狂的原因，但你們更是我重新振奮的理由，不斷不斷帶給我力量。你們是我一邊寫書、一邊居家隔離的最佳伙伴。希望有一天你們能帶著一絲絲自豪，拿起這本書說：「這是我老爸寫的。」我就是懷抱著這樣的心情，看著你們一天天長大、變成很棒的人。

我當然也要感謝給我很多支持的父母。我在摸索人生未來的方向時，如果沒有你們的協助與耐心，寫神經科學書籍只會是一個白日夢。

感謝經紀人琳達．康納（Linda Konner），在我不確定是否有人願意接納我的想法時，她再次相信了我。希望選擇支持我對你來說，是有利的決定。

感謝尼古拉斯．布雷利出版社（Nicholas Brealy Publishing）的團隊再次幫助我將想法付梓成冊。感謝強納森．希普利（Jonathan Shipley）看見這本書的潛力，也感謝布雷特．哈布萊（Brett Halbleib）的專業編輯。再次感謝蜜雪．蘇利埃奈洛（Michelle Surianello）；我的兩本著作都因為你專業、敬業以及專注於細節而更加出色。謝謝每一位花時間閱讀初稿並提供意見、建議和鼓勵的人。謝謝湯姆．高德（Tom Gould）在這本書剛成形時就把它從頭到尾看完，提供珍貴和深刻的建議。感謝比爾．雷伊（Bill Ray）、凱特．安德森（Kate

Anderson）、克莉絲汀・布雷特（Kristen Breit）、艾倫・克什曼（Erin Kirschmann）、艾莉森・克萊斯勒（Alison Kreissler）、艾美・思坦汀（Amy Stading）與艾莉森・韋爾克（Allison Wilck）幫忙閱讀初稿並提供意見。雖然已是第二次，但如此慷慨無私的付出依然令我驚訝，並且深感欽佩。

最後，感謝為這本書貢獻人生故事的每一個人。許多故事的主人翁都承受了巨大的痛苦，雖然大部分的故事都來自其他參考資料，並改寫了細節（而不是患者直接描述），但對於能夠轉述他們的故事，我心懷感恩。我知道在謝詞裡感謝他們，他們很可能根本看不到，但我希望他們會認為我的描述不但顧慮到他們的感受，也兼顧了正確與價值。

INSIDE 33

大腦獵奇偵探社

狼人、截肢癖、多重人格到集體中邪，100個讓你洞察人性的不思議腦科學案例

BIZARRE

The Most Peculiar Cases of Human Behavior and What They Tell Us about How the Brain Works

作　　者　馬克・汀曼（Marc Dingman）
譯　　者　駱香潔
特約編輯　郭嘉敏
總 編 輯　林慧雯
封面設計　蔡佳豪

出　　版　行路／遠足文化事業股份有限公司
發　　行　遠足文化事業股份有限公司（讀書共和國出版集團）
　　　　　地址：231新北市新店區民權路108之2號9樓
　　　　　電話：（02）2218-1417；客服專線：0800-221-029
　　　　　客服信箱：service@bookrep.com.tw
　　　　　郵撥帳號：19504465　遠足文化事業股份有限公司

法律顧問　華洋法律事務所　蘇文生律師
印　　製　韋懋實業有限公司
出版日期　2024年7月　初版一刷
定　　價　420元
I S B N　（紙本）9786267244623
　　　　　（PDF）9786267244609
　　　　　（EPUB）9786267244616

行路Facebook
www.facebook.com/
WalkingPublishing

儲值「閱讀護照」，
購書便捷又優惠。

線上填寫
讀者回函

國家圖書館預行編目資料

大腦獵奇偵探社：狼人、截肢癖、多重人格到集體中邪，100個讓你洞察人性的不思議腦科學案例
馬克・汀曼（Marc Dingman）著；吳凱琳譯
－初版－新北市：行路出版：
遠足文化事業股份有限公司，2024.07
面；公分（Inside；33）
譯自：Bizarre: The Most Peculiar Cases of Human Behavior and What They Tell Us about How the Brain Works
ISBN　978-626-7244-62-3（平裝）
1.CST：腦部　2.CST：神經學　3.CST：人類行為
394.911　　　　　113008785